AF345520

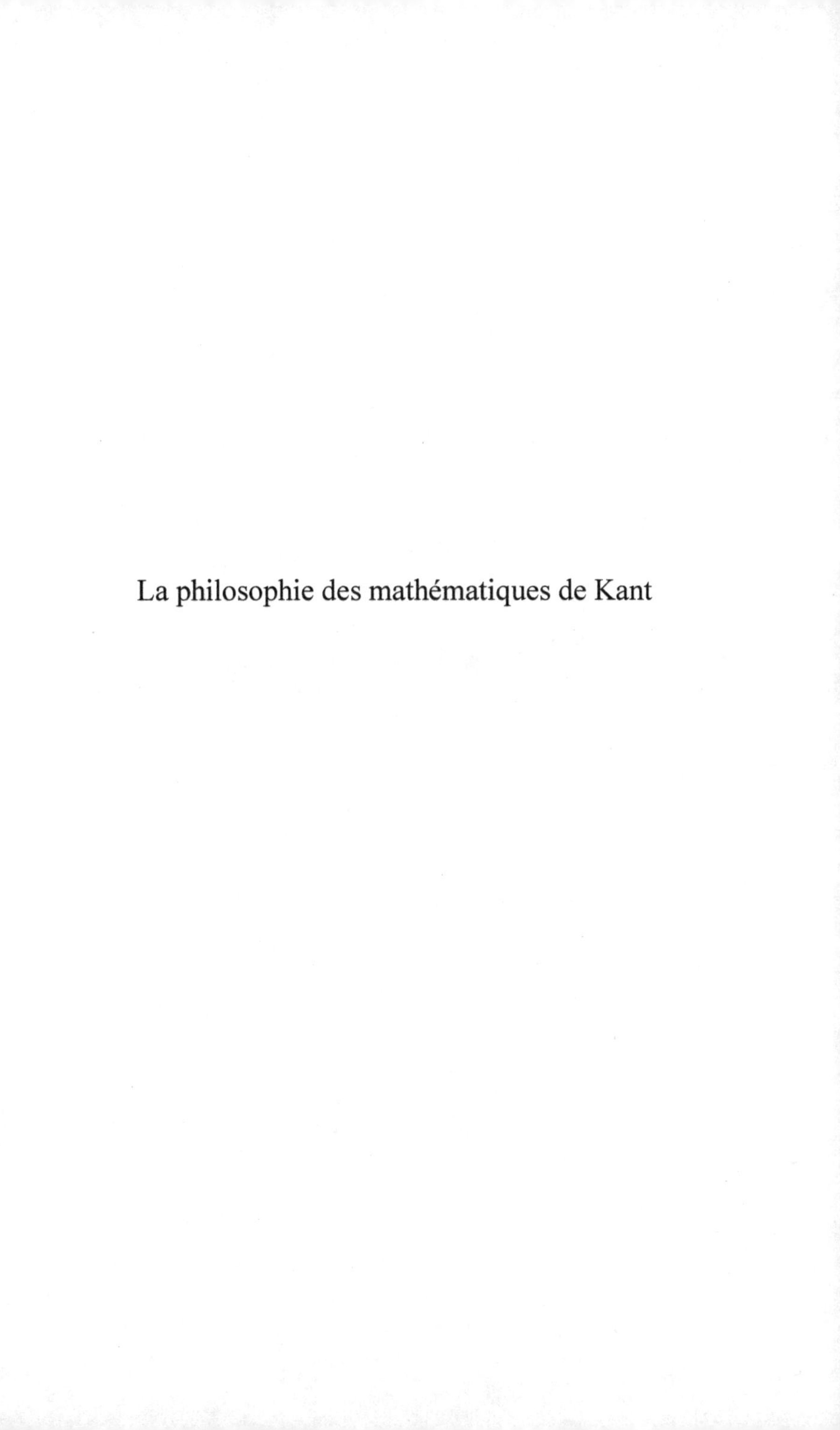

La philosophie des mathématiques de Kant

La philosophie des mathématiques de Kant

Louis Couturat

Homme et Littérature

Editions Homme et Littérature

© Le Mono

ISBN : 978-2-36659-522-2

EAN : 9782366595222

La question fondamentale de la *Critique de la Raison pure* est : « Comment des jugements synthétiques *a priori* sont-ils possibles ? » Qu'il existe de tels jugements, c'est ce dont Kant ne doute pas un instant, car ce sont de tels jugements qui constituent, selon lui, la métaphysique et la mathématique pure. Expliquer comment ces jugements sont légitimes en mathématique et illégitimes en métaphysique, tel paraît être le but de la *Critique de la Raison pure* ; tel est en tout cas l'objet de la *Méthodologie transcendentale*. « La mathématique fournit l'exemple le plus éclatant d'une raison pure qui réussit à s'étendre d'elle-même sans le secours de l'expérience » ; et cet exemple a été séducteur pour la métaphysique. Celle-ci peut-elle légitimement aspirer à la certitude apodictique en employant la même méthode que la mathématique ? Telle est la question. Or « la métaphysique est la connaissance rationnelle par concepts ; la mathématique est la connaissance rationnelle par construction de concepts ». Qu'est-ce que construire un concept ? C'est « exposer l'intuition *a priori* qui lui correspond ». La construction des concepts n'est donc possible que si nous possédons des intuitions *a priori*. Celles-ci nous sont fournies par les deux formes *a priori* de la sensibilité, l'espace et le temps. C'est donc l'*Esthétique transcendentale* qui est chargée de répondre à cette question : « Comment les mathématiques pures sont-elles possibles ? » Par là se trouvent déterminés à la fois l'objet des mathématiques et la portée de leur méthode. Leur objet ne peut être que la grandeur, « car seul le concept de grandeur se laisse construire »; et l'espace et le temps sont les seules « grandeurs originaires ». Leur méthode ne peut s'appliquer qu'à ce qui peut être objet d'intuition, et d'intuition *a priori* : elle ne peut donc s'appliquer ni aux concepts purs et simples, ni aux intuitions empiriques, par exemple aux qualités sensibles. La mathématique ne peut avoir pour objets que les concepts qu'on peut construire, à savoir la *figure*, détermination d'une intuition *a priori* dans l'espace, la *durée*, division du temps, et le *nombre*, résultat général de la synthèse d'un seul et même objet dans l'espace et dans le temps, qui par suite mesure la grandeur d'une intuition. Ainsi c'est la méthode, et non l'objet, qui distingue essentiellement la mathématique de la métaphysique, et c'est la méthode de la mathématique qui détermine son objet. Par là s'explique que les jugements mathématiques puissent être à la fois synthétiques (comme les jugements empiriques) et *a priori* (comme les jugements analytiques). Ils sont synthétiques, parce qu'ils reposent sur une synthèse effectuée dans l'intuition ; et ils sont *a priori*, parce que cette intuition est elle-même *a priori*.

Kant caractérise la méthode mathématique en l'opposant à la méthode de la philosophie. La mathématique seule a des *axiomes*, c'est-à-dire des principes synthétiques *a priori*, « parce qu'elle seule peut, en construisant un concept, lier *a priori* et immédiatement ses prédicats dans l'intuition de son objet ». La philosophie ne peut pas avoir d'axiomes, car elle ne peut pas sortir du concept pour le lier à un autre concept. La mathématique seule a des *définitions*, car seule elle crée ses concepts par une synthèse arbitraire ; par suite, ses définitions sont indiscutables et ne peuvent être erronées. Au contraire, on ne peut pas à proprement parler définir, soit les objets empiriques, soit les concepts *a priori*, on ne peut que les décrire, et cette description est toujours discutable, car on ne sait jamais si l'on a épuisé la compréhension d'un concept préalablement donné. Enfin la mathématique seule a des *démonstrations* proprement dites, car « on ne peut appeler démonstration qu'une preuve apodictique, en tant qu'elle est intuitive ». La philosophie ne peut pas effectuer des démonstrations sur ses concepts, car il lui manque « la certitude intuitive ». La conclusion de cet examen est la séparation complète, l'opposition absolue de la mathématique, non seulement par rapport à la métaphysique, mais par rapport à la philosophie tout entière, et notamment à la logique. Car la logique repose sur des principes analytiques, qui paraissent se réduire au principe de contradiction ; et elle ne permet d'établir que des jugements analytiques. Si la mathématique peut légitimement énoncer des jugements synthétiques *a priori*, c'est parce qu'« elle ne s'occupe d'objets et de connaissances que dans la mesure où ceux-ci se laissent représenter dans l'intuition ». Il est manifeste, d'ailleurs, que si Kant insiste tellement sur la différence des méthodes de la mathématique et de la métaphysique, c'est par réaction contre le rationalisme de Wolff, qui prétendait, comme Leibniz, appliquer à la philosophie la méthode mathématique, comme étant la seule méthode logique et apodictique.

Nous allons examiner successivement les différentes thèses que nous venons d'énumérer.

DÉFINITION DES JUGEMENTS ANALYTIQUES.

Les jugements mathématiques sont-ils synthétiques ? Pour le savoir, il faut d'abord définir les termes de *synthétique* et d'*analytique*. Rappelons la définition textuelle de Kant : « Ou bien le prédicat B appartient au sujet A comme quelque chose qui est contenu (d'une manière cachée) dans ce concept A, ou bien B est tout à fait en dehors du concept A, bien qu'il soit en connexion avec lui. Dans le premier cas j'appelle le jugement *analytique*, dans l'autre, *synthétique* ». Cette définition suppose que tous les jugements sont des jugements de prédication. Or il est reconnu aujourd'hui qu'il y a bien d'autres formes de jugements, qui sont irréductibles aux jugements de prédication ; autrement dit, qu'il y a une multitude de relations qu'on peut penser et affirmer entre deux ou plusieurs objets, et que ces relations ne peuvent pas se ramener à l'unique relation d'inclusion de deux concepts (exprimée par la copule *est*). Même au point de vue de la logique kantienne, cette définition est trop étroite, car elle ne s'applique qu'aux jugements catégoriques, et non aux jugements hypothétiques et disjonctifs, qui, de l'aveu même de Kant, établissent un rapport, non plus entre deux concepts, mais entre deux ou plusieurs jugements. Ce défaut est d'autant plus étonnant que Kant déclare ailleurs n'avoir jamais été satisfait de la définition que les logiciens donnent en général du jugement, en disant que c'est la représentation d'un rapport entre deux concepts (B. 140, § 19 de la *Critique*). La définition de Kant est donc absolument insuffisante en principe. M. Vaihinger a essayé de la justifier, en disant qu'elle doit comprendre les jugements de relation, puisque Kant l'appliquera plus tard à de tels jugements (par ex. : 7 + 5 = 12); mais c'est là une inférence interprétative que rien dans le texte ne parait justifier. Tout au contraire, Kant, préoccupé d'établir la généralité de sa définition, n'a pensé qu'à une chose : c'est qu'elle ne s'appliquait qu'aux jugements affirmatifs, et alors il a ajouté entre parenthèses qu'on peut aisément l'étendre « ensuite » aux jugements négatifs. Il n'en est pas moins vrai qu'il a commencé par admettre que « tous les jugements » consistent à « penser le rapport d'un sujet à un prédicat », et que ce rapport est toujours le rapport de prédication, exprimé par la copule *est*.

Cette interprétation est d'ailleurs confirmée par toutes les explications ultérieures de Kant. Les jugements analytiques « n'ajoutent rien au concept du sujet », ils ne font que « le décomposer par démembrement en ses concepts partiels » ; tandis que les jugements synthétiques « ajoutent au concept du sujet un prédicat… qui n'aurait pu en être tiré par aucun démembrement » (B. 11). C'est ce que Kant montre (ou croit montrer) par les exemples suivants : Le jugement « Tous les corps sont étendus » est analytique, parce qu'il n'est pas besoin de « sortir » du concept de corps, il suffit de le décomposer pour y trouver l'attribut « étendu ». Le jugement « Tous les corps sont lourds » est synthétique, parce que « le prédicat est tout autre chose que ce que je pense dans le simple concept de corps en général » (B. 11). La pensée de Kant est encore précisée par un passage de la Logique (§ 36) : « A tout x auquel convient le concept de corps ($a + b$), convient aussi l'étendue (b), c'est un exemple de jugement analytique. A tout x auquel convient le concept de corps ($a + b$), convient aussi l'attraction (*c*), c'est un exemple de jugement synthétique. » Les lettres par lesquelles Kant a cru devoir représenter les concepts élémentaires prouvent clairement qu'il considère un concept comme un assemblage de « concepts partiels » qui en sont les « caractères essentiels ». Or c'est là une conception unilatérale et simpliste de la Logique, qui remonte à Aristote, que Kant a vraisemblablement héritée de Leibniz, mais qui n'en est pas moins radicalement fausse. Par conséquent, la distinction des jugements analytiques et synthétiques, qui repose sur elle, n'a pas une valeur générale, et nous verrons tout à l'heure qu'elle ne s'applique même pas à tous les exemples que Kant a cités à l'appui. Nous serons donc obligés de lui substituer une autre définition qui ait une valeur universelle.

Mais auparavant, il convient de se demander quel est le sens que Kant attribuait exactement à cette distinction. Elle peut recevoir, et elle a en effet reçu des interprètes deux sens bien différents : un sens psychologique et un sens logique. Au sens psychologique, elle porte sur ce que nous pensons, en fait, en formulant le jugement ; au sens logique, elle porte sur le contenu intellectuel du jugement, contenu objectif et indépendant du sujet qui le pense actuellement. Beaucoup de commentateurs et de critiques ont soutenu cette thèse, que la distinction des jugements analytiques et synthétiques n'a qu'une portée psychologique : un jugement est synthétique la première fois qu'on le formule, parce qu'on découvre un prédicat nouveau d'un sujet déjà connu ; il deviendra analytique, dès que le nouveau prédicat sera incorporé au sujet. C'est en ce sens qu'on a pu dire : Le jugement « Les corps sont lourds » peut être synthétique pour le vulgaire, et encore pour le géomètre ; mais il est analytique pour le physicien, qui ne peut plus concevoir les corps sans attraction.

Il semble parfois que Kant entende la distinction dans ce sens, car il admet que le prédicat soit contenu dans le sujet « d'une manière latente » (B. 10), qu'il soit pensé « confusément » avec le sujet; ces expressions semblent se rapporter au caractère psychologique et essentiellement subjectif de la pensée. Kant dit même un peu plus loin : « La question n'est pas de savoir ce que nous *devons* ajouter par la pensée au concept donné, mais ce que nous pensons *réellement* en lui, ne fût-ce qu'obscurément » (B. 47). Mais il ne faudrait pas interpréter ces expressions, à la vérité assez ambiguës, dans un sens psychologique ; et le dernier passage cité le prouve. En effet, quand on le rapporte au contexte, on constate qu'il signifie exactement ceci : Toute liaison nécessaire n'est pas analytique ; et de ce que nous sommes *obligés* d'unir tel prédicat à tel sujet, il ne s'ensuit pas qu'il y soit *logiquement* contenu. Ainsi Kant entend la distinction au sens logique. Il dit lui-même ailleurs : « La différence d'une représentation confuse et d'une représentation distincte est simplement logique, et ne porte pas sur le contenu » (B. 61). Il est évident qu'il entend ici par *logique* ce que nous entendons par *psychologique*. Il oppose nettement ce que *nous* pensons plus ou moins implicitement dans un concept, et la manière dont nous le pensons, à ce qui y est *contenu* logiquement, que nous le pensions ou non actuellement. Or c'est la définition du concept qui seule détermine son contenu logique. C'est ce qui ressort avec évidence de ces passages : « Je ne dois pas regarder ce que je pense réellement dans mon concept du triangle (*celui-ci n'est rien de plus que la simple définition*)... » (B. 746) ; et plus loin : « C'est donc en vain que je philosopherais sur le triangle, c'est-à-dire que je le penserais d'une manière discursive, je ne pourrais dépasser si peu que ce soit la *simple définition*... » (B. 747). C'est donc la définition qui sert de critérium aux attributs analytiques, et par suite aux jugements analytiques. Pourquoi le jugement « Tous les corps sont étendus » est-il analytique ? C'est que la notion de l'étendue est contenue dans celle de corps, et fait partie de sa définition. Pourquoi le jugement : « Tous les corps sont pesants » est-il synthétique ? C'est qu'on n'a pas besoin du caractère pesant pour définir le corps ; il est complètement défini par d'autres caractères, et par suite celui-là ne peut lui être attribué qu'après coup, *synthétiquement* (B. 42). On le voit : ce qui distingue les attributs analytiques et synthétiques d'un concept, c'est le fait, purement logique, qu'ils font ou ne font pas partie de sa définition.

PRINCIPE DES JUGEMENTS ANALYTIQUES.

D'autre part, quel est, selon Kant, le fondement des jugements analytiques ? C'est tantôt le principe d'identité, tantôt le principe de contradiction, qu'il a tour à tour distingués et confondus. Dans la *Principiorum primorum cognitionis metaphysicae nova dilucidatio* [*Nouvelle explication des premiers principes de la connaissance métaphysique*] (1755), Kant considérait le principe d'identité, et non pas le principe de contradiction, comme le fondement de toutes les vérités, tant négatives qu'affirmatives, sous cette double forme : *Ce qui est, est ; ce qui n'est pas, n'est pas*. Dans l'*Untersuchung über die Deutlichkeit der*

Grundsätze der natürlichen Theologie und der Moral [*Recherche sur l'évidence des principes de la théologie naturelle et de la morale*], III, § 3 (1764), Kant considérait le principe d'identité comme le fondement des jugements affirmatifs, et le principe de contradiction comme le fondement des jugements négatifs, et taxait même d'erreur ceux qui considèrent le second comme le principe unique de toutes les vérités. Dans la *Critique*, il n'admet plus qu'un « principe suprême de tous les jugements analytiques », c'est le principe de contradiction, qu'il formule comme suit : « A aucune chose ne convient un prédicat qui lui contredit », et il déclare expressément que, « quand un jugement est analytique, *qu'il soit négatif ou affirmatif*, sa vérité doit toujours pouvoir être suffisamment reconnue d'après le principe de contradiction » (B. 190). A vrai dire, on ne voit pas bien comment ce principe tout négatif peut servir de fondement à tous les jugements analytiques, « tant affirmatifs que négatifs ». Le type du jugement analytique affirmatif est, nous l'avons vu : « *ab* est *a* ». Or le principe de contradiction, tel que Kant le formule, nous interdit d'attribuer au sujet *ab* le prédicat non-*a*, ou le prédicat non-*b* ; mais il ne nous dit nullement quel prédicat nous pouvons ou devons lui attribuer.

Dans les *Prolégomènes* (§ 2, b), Kant explique sa pensée : « Comme le prédicat d'un jugement analytique affirmatif est déjà pensé auparavant dans le concept du sujet, il ne peut être nié de ce sujet sans contradiction… » Qu'est-ce à dire ? Il ne s'agit pas de le nier, mais de l'affirmer ; or si le principe de contradiction nous interdit de le nier, il ne nous commande pas de l'affirmer, à moins que « ne pas nier » ne soit synonyme d'« affirmer ». Kant continue « de même son contraire est nécessairement nié du sujet dans un jugement analytique mais négatif, et cela encore en conséquence du principe de contradiction ». Ceci est juste, mais cela prouve seulement que le principe de contradiction est le fondement des jugements analytiques *négatifs*. Il faut chercher ailleurs celui des jugements analytiques *affirmatifs*, probablement dans le principe d'identité. Enfin, dans sa *Logique*, Introduction, § VII (1800), Kant admet trois principes logiques : le principe *d'identité* ou *de contradiction*, fondement des jugements problématiques ; le *principe de raison suffisante*, fondement des jugements assertoriques ; et le *principe du tiers exclu*, fondement des jugements apodictiques. Ainsi il considérait alors le principe de raison comme analytique, tandis que dans les *Prolégomènes*, § 4 (1783), il le qualifie de synthétique. Il est difficile, il faut l'avouer, de varier plus souvent et plus complètement sur une question aussi fondamentale.

Il est probable que dans la *Critique* Kant identifiait le principe d'identité au principe de contradiction : d'ailleurs, il confond assez souvent les jugements analytiques avec les jugements identiques, et les appelle du même nom. Les jugements analytiques seraient des jugements virtuellement identiques, et c'est sans doute là ce qu'il voulait dire quand il parlait de prédicats contenus d'une manière « latente », « confuse » ou « obscure » dans le sujet. Mais le principe d'identité ne justifie que les jugements identiques, et non les jugements analytiques. Jamais de la formule : « *a* est *a* » on ne pourra déduire la formule : « *ab* est *a* », pour cette raison bien simple que celle-ci contient une opération ou combinaison (la multiplication logique) qui ne figure pas dans le principe d'identité. C'est pourquoi la logique moderne se voit obligée d'admettre le *principe de simplification* (*ab* est *a*) à côté du principe d'identité et indépendamment de lui. Il semble que cette objection ne soit qu'une chicane ; mais elle a plus de portée qu'on ne pense. Elle prouve, en somme, la fausseté de la conception traditionnelle de la Logique formelle, suivant laquelle celle-ci reposait tout entière sur un seul principe, le principe d'identité ; d'où l'on concluait aussitôt que cette Logique est absolument stérile, parce qu'elle ne permet que de passer du même au même, et ne justifie que de vaines tautologies.

Ainsi, si nous voulons interpréter équitablement la doctrine de Kant en la rectifiant à la lumière de la Logique moderne, il faudra dire que le fondement des jugements analytiques est le principe de simplification. Mais cette formule est trop étroite. En effet, lorsque Kant dit que « tous les raisonnements des mathématiciens s'effectuent d'après le principe de contradiction » (B. 14), il veut dire, au fond, qu'ils s'effectuent suivant les règles de la Logique. Or nous savons aujourd'hui que la Logique formelle ne peut se constituer sans une vingtaine de principes indépendants. Quels que soient au surplus leur nombre et leur énoncé, nous devrons, pour interpréter Kant dans le sens le plus large et le plus favorable, substituer l'expression « les principes de la Logique » à son expression « le principe de contradiction ». Et par conséquent nous devrons dire que les jugements analytiques sont ceux qui reposent uniquement sur les principes de la Logique.

Cette formule n'est pas encore suffisante, et il nous faut la compléter, en nous inspirant des explications de Kant lui-même. En effet, les principes de la Logique sont essentiellement formels, donc vides de tout contenu. Pour effectuer un raisonnement quelconque, il faut les appliquer à une matière. Cette matière ne peut s'introduire dans un système logique que sous forme de définitions. Il est évident, en effet, que l'on ne peut raisonner sur des termes que s'ils sont préalablement définis. Nous avons vu plus haut que, selon Kant lui-même, le critérium des jugements analytiques et synthétiques réside en somme dans les définitions. Tout ce qui est contenu dans la définition d'un concept ou s'en déduit logiquement en est un caractère analytique ; tout ce qui s'y ajoute, fût-ce en vertu d'une nécessité extra-logique, est un caractère synthétique. Il faut donc dire, pour conserver autant que possible l'esprit, sinon la lettre de la doctrine kantienne : un jugement est analytique, lorsqu'il peut se déduire uniquement des définitions et des principes de la Logique. Il est synthétique, si sa démonstration (ou sa vérification) suppose d'autres données que les principes logiques et les définitions.

DÉFINITIONS ANALYTIQUES ET SYNTHÉTIQUES.

On pourrait nous objecter la distinction que Kant établit entre les définitions analytiques et les définitions synthétiques. Cette distinction, indiquée en passant dans la *Critique de la Raison pure*, se trouve formulée didactiquement dans la *Logique*, § 100 ; mais elle remonte à la période antécritique, et elle est surtout développée dans l'*Untersuchung über die Deutlichkeit der Grundsätze der natürlichen Theologie und der Moral* [*Recherche sur l'évidence des principes de la théologie naturelle et de la morale*] (1764) dont elle constitue, semble-t-il, l'idée directrice. Une définition analytique est celle d'un concept *donné* ; une définition analytique [synthétique] est celle d'un concept *fabriqué*. On comprend l'origine de ces deux expressions : une définition analytique consiste à décomposer un concept préalablement existant ; une définition synthétique, au contraire, compose le concept et le forme de toutes pièces. Or, d'après la *Logique* (§§ 102, 103), les concepts empiriques ne peuvent être définis synthétiquement ; les définitions synthétiques ne peuvent donc s'appliquer qu'à des concepts formés *a priori,* donc arbitrairement : mais les concepts arbitrairement formés sont les concepts mathématiques. Ainsi toutes les définitions mathématiques sont essentiellement synthétiques.

On pourrait discuter au point de vue historique la valeur de cette distinction, qui date d'une époque où Kant était à peu près empiriste. En effet, cette distinction, dans l'opuscule de 1764, est tout à fait « tendancieuse » : elle est destinée à opposer entre elles la mathématique et la philosophie au point de vue de leur méthode et de leur certitude ; et elle aboutit à cette conséquence, qu' « on doit procéder analytiquement en métaphysique, car le rôle de celle-ci est d'analyser des connaissances confuses ». Cette thèse parait toute contraire à la doctrine criticiste, suivant laquelle les jugements métaphysiques seraient synthétiques, tout comme les jugements mathématiques. Il n'en est pas moins remarquable qu'elle se trouve dans cet opuscule en connexion avec quelques-unes des propositions de la Méthodologie transcendentale, à savoir : que la mathématique commence par les définitions, tandis que la philosophie finit par elles ; que les mathématiques considèrent le général dans le particulier, et raisonnent sur les signes *in concreto*, ce qui les préserve de l'erreur ; que la certitude philosophique est d'une autre nature que la certitude mathématique, et que rien n'est plus funeste à la métaphysique que l'exemple de la mathématique, c'est-à-dire l'imitation de la méthode de celle-ci. Il ne suffit donc pas de constater que la distinction en question date de la période antécritique pour pouvoir conclure qu'elle n'est pas conforme à la pure doctrine criticiste.

Une autre remarque s'impose : dans l'opuscule de 1764, Kant considère les concepts mathématiques comme ceux qui sont fabriqués *a priori* et arbitrairement ; en d'autres termes, il définit la mathématique comme la science qui fabrique *a priori* ses objets. Or c'est là une conception différente de celle qu'on trouve dans la *Critique*, où la mathématique est définie : la connaissance rationnelle par construction de concepts. Dans le premier cas, la méthode mathématique peut s'appliquer à tous les concepts arbitrairement formés ; dans le second cas, elle ne s'applique qu'aux concepts *constructibles*, c'est-à-dire représentables dans l'intuition. Cette différence est ou peut être de grande conséquence : qu'est-ce qui prouve, en effet, que la métaphysique ne puisse pas, elle aussi, fabriquer ses concepts *a priori*, et par suite employer la méthode dite mathématique ? Ce qui dans la *Critique* caractérise les concepts mathématiques, ce n'est pas qu'ils sont synthétiques, mais bien qu'ils sont intuitifs ; or il n'est pas question d'intuition dans l'opuscule de 1763. Bref, il n'y a rien là qui puisse justifier la distinction absolue de la mathématique et de la philosophie, telle qu'elle se trouve dans la *Critique*, puisque c'est l'intuition qui y différencie les jugements mathématiques des jugements métaphysiques, les uns et les autres étant également synthétiques *a priori*.

Mais ce ne sont là que des difficultés accessoires. L'objection capitale est celle-ci : De ce que les définitions mathématiques sont synthétiques et les définitions métaphysiques analytiques, s'ensuit-il que les jugements mathématiques soient synthétiques ? Pas plus qu'il ne s'ensuit que les jugements métaphysiques soient analytiques. En effet, les caractères d'*analytique* et de *synthétique* sont attribués, dans le premier cas aux concepts, et dans le second cas aux propositions. Il y a là en réalité deux sens différents de ces mots ; et si l'on pouvait tirer une conséquence de l'un à l'autre, ce serait la contraire de celle que Kant paraît en tirer. En effet, de ce que les concepts mathématiques sont fabriqués *a priori* et n'existent que par leur définition même, il résulte que l'esprit sait d'avance tout ce qu'il y a mis, et ne peut plus porter sur eux que des jugements analytiques ; au contraire, si les concepts métaphysiques sont donnés tout faits en quelque sorte, et si leur analyse est si difficile et presque toujours incomplète, il est bien probable que les jugements qu'on porte sur eux sont synthétiques. En résumé, les concepts synthétiques semblent devoir donner lieu à des jugements analytiques, et les concepts analytiques à des jugements synthétiques. Nous ne disons pas que cette conclusion soit logiquement justifiée, mais seulement qu'elle est beaucoup plus plausible que la conclusion contraire, et que par conséquent on ne peut point inférer du caractère synthétique des *définitions* mathématiques le caractère synthétique des *jugements* mathématiques.

Que si nous consultons, non plus l'opinion de Kant, mais l'usage des mathématiciens, nous constatons que toutes les définitions mathématiques sont purement nominales. Elles consistent à déterminer le sens d'un terme nouveau et supposé inconnu en fonction des termes anciens dont le sens est déjà connu, soit qu'on les ait précédemment définis, soit qu'on les considère comme indéfinissables). Plus rigoureusement encore, dans le style de la Logique mathématique, une définition est une égalité logique (une *identité*) dont le premier membre est un signe nouveau qui n'a pas encore de sens, et dont le second membre, composé de signes connus (et par conséquent ne contenant pas le signe à définir), détermine le sens du signe en question. Une définition *n'est pas une proposition*, car elle n'est ni vraie ni fausse ; on ne peut ni la démontrer ni la réfuter ; c'est une *convention* qui porte uniquement sur l'emploi d'un signe simple substitué à un ensemble de signes. Sans doute, une fois cette convention admise, elle devient une proposition, en ce sens qu'on l'invoque pour substituer un membre à l'autre dans les déductions ultérieures (autrement, à quoi servirait-elle ?) ; mais c'est une proposition identique, puisque non seulement le premier membre n'a pas d'autre sens que le second, mais qu'il n'a de sens *que par* le second. Il y a plus : cette proposition identique ne peut être considérée à aucun degré comme un *principe* de démonstration, attendu que toutes les déductions qu'on en tire consistent à substituer le défini au définissant, ou inversement ; on pourrait donc effectuer les mêmes déductions (d'une manière plus longue et plus compliquée seulement) en se passant entièrement de la définition, et en remplaçant partout le défini par le définissant. En résumé, une définition n'est ni une vérité ni une source de vérités ; elle ne fait pas partie de l'enchaînement logique des propositions, elle n'en est qu'un auxiliaire commode, un moyen d'abréviation. Par conséquent, peu importe qu'on l'appelle analytique ou synthétique (c'est une question de mots), sa nature et sa forme ne peuvent influer en aucune manière sur le caractère analytique ou synthétique des propositions qu'on en déduit, ou plutôt qu'on déduit par son moyen. Et dans tous les cas, dans la mesure où une définition joue le rôle d'une proposition, ce n'est et ne peut être jamais qu'une proposition *identique*.

Ces principes une fois établis, nous allons rechercher si les principes et les démonstrations des Mathématiques sont vraiment synthétiques. Toutefois, il importe d'observer que l'opinion de Kant parait avoir varié au sujet des démonstrations. Dans la *Méthodologie transcendentale*, nous l'avons vu, il soutient que la mathématique seule a des démonstrations, c'est-à-dire des preuves apodictiques, *en tant qu'intuitives* : et il refuse le nom de démonstration aux déductions purement logiques (analytiques) tirées des seuls concepts. Au contraire, dans les *Prolégomènes* (§ 2 c) et dans l'*Introduction* de la *Critique* (B. 44), il déclare que « les raisonnements mathématiques procèdent tous suivant le principe de contradiction (*ce qu'exige la nature de toute certitude apodictique*) ». Il est difficile de ne pas trouver là une contradiction. Mais il est aisé de voir que dans ce dernier passage il fait une concession imprudente à ceux qui soutiennent que les jugements mathématiques sont analytiques, et c'est la Méthodologie qui contient sa véritable pensée, sa doctrine réfléchie et systématique.

QUELLES SONT LES MATHÉMATIQUES PURES ?

Il y a une autre question préliminaire, plus difficile à résoudre : c'est de savoir quelles sont les sciences que Kant a considérées comme faisant partie de la Mathématique pure, et quel est leur rapport aux deux formes *a priori* de la sensibilité qui en sont selon lui le fondement. La pensée de Kant est singulièrement flottante sur ces deux points, pourtant essentiels. Dans la *Dissertatio* [*De la forme et des principes du monde sensible et du monde intelligible*] de 1770, l'espace était l'objet de la Géométrie, le temps celui de la Mécanique pure ; et ces deux sciences faisaient partie de la Mathématique pure. Quant au nombre, c'était un « concept intellectuel », qui se réalisait *in concreto* au moyen de l'espace et du temps. Dans l'*Esthétique transcendentale*, l'espace est le fondement des vérités géométriques, mais on ne dit pas de quelle science le temps est le fondement ; les principes apodictiques fondés sur cette forme *a priori* sont les suivants : « le temps n'a qu'une dimension ; des temps différents ne sont pas simultanés, mais successifs » (§ 4, 3). Tels sont les « axiomes du temps » selon la 1re édition de la *Critique* ; ils n'ont, comme on voit, rien de commun avec les axiomes de l'Arithmétique. Dans l'« explication transcendentale » ajoutée à la 2e édition (§ 5), Kant est un peu plus explicite : le temps fonde la possibilité de tout changement, en particulier du mouvement (changement de lieu), et par suite de « la science générale du mouvement, qui n'est pas peu féconde », et qui est déclarée être une connaissance synthétique *a priori*. Cette conception est d'ailleurs conforme à la thèse soutenue par Kant au sujet du principe de contradiction, à savoir que ce principe devient synthétique dès qu'on y introduit la notion de temps en l'énonçant comme suit : « Il est impossible qu'une chose soit et ne soit pas en même temps » (A. 152, B. 191). Mais elle s'accorde mal avec ce que Kant déclare dans l'Esthétique transcendentale (§ 7), à savoir que le concept du mouvement est empirique, parce qu'il présuppose la perception de quelque chose de mobile (A. 41, B. 58). Kant y insiste même : il affirme que « dans l'espace considéré en lui-même il n'y a rien de mobile », que le mobile ne peut être trouvé dans l'espace que par l'expérience, et par suite est une donnée empirique. Même le concept de changement ne peut être une donnée *a priori* de l'Esthétique transcendentale, car le temps lui-même ne change pas, c'est le contenu du temps qui change. On se demande alors ce que devient, dans cette théorie, la « science générale du mouvement » que Kant considérait un peu plus haut comme pure et *a priori*.

La pensée de Kant parait se préciser et se fixer dans la théorie du schématisme, où, comme on sait, le nombre est présenté comme un schème (le schème de la grandeur), c'est-à-dire comme une détermination *a priori* de l'intuition du temps (et non de l'espace). Mais, si l'on consulte la Méthodologie transcendentale, on trouve que le nombre se rapporte à la fois ou indifféremment à l'espace et au temps (A. 724, B. 752). Dans les *Prolégomènes* (§ 40), deux ans seulement après l'apparition de la *Critique*, Kant détermine ainsi les rapports des sciences mathématiques aux intuitions *a priori* : « La Géométrie prend pour base l'intuition pure de l'espace. L'Arithmétique produit elle-même ses concepts de nombre dans le temps par l'addition successive des unités ; mais surtout la Mécanique pure ne peut produire ses concepts de mouvement qu'au moyen de la représentation du temps. » Les mots « mais surtout » trahissent l'embarras de Kant et ses hésitations. Dans la Préface des *Premiers Principes métaphysiques de la Science de la Nature* (1786), il soutient que « la mathématique n'est pas applicable aux phénomènes du sens interne et à leurs lois », parce que « cette extension de la connaissance, comparée à celle que la mathématique procure à la théorie des corps, serait à peu près ce qu'est la théorie des propriétés de la ligne droite à la géométrie tout entière ; car l'intuition pure interne… est le temps, qui n'a qu'une seule dimension ». Ainsi la mathématique du temps n'existe pour ainsi dire pas, ou se réduit à très peu de chose, à ce que Kant appelle (*ibid.*) « *la loi de continuité* dans l'écoulement des modifications du sens interne ». On voit qu'il n'est pas question ici d'Arithmétique, et encore moins de Mécanique. A travers toutes ces fluctuations, il n'y a qu'un point fixe : c'est la correspondance de la Géométrie à l'espace. Mais Kant hésite sur la science dont le temps est le fondement. Celle-ci est tantôt l'Arithmétique, conformément à la théorie du schématisme, et tantôt la Mécanique, conformément au bon sens. Mais bientôt Kant s'aperçoit que la Mécanique repose sur l'espace aussi bien que sur le temps, ou bien qu'elle implique une donnée empirique (la matière, sujet du mouvement), et alors il revient à la conception de l'Arithmétique comme science pure du temps, bien qu'elle ne le satisfasse pas. Mais il y est en quelque sorte acculé par la logique de son système. Quoi qu'il en soit, nous nous en tiendrons à la division indiquée dans l'*Introduction* : nous ne considérerons comme mathématiques pures que l'Arithmétique (avec l'Algèbre et l'Analyse) d'une part, et la Géométrie d'autre part ; et nous examinerons tour à tour les propositions de ces deux sciences pour rechercher leur caractère synthétique ou analytique.

LES JUGEMENTS ARITHMÉTIQUES SONT-ILS SYNTHÉTIQUES ?

Comme Kant ne prouve sa thèse que par des exemples, nous sommes obligés de discuter ses propres exemples. Raisonnant sur l'égalité particulière $7 + 5 = 12$, il affirme que « le concept de la somme de 7 et de 5 ne contient rien de plus que la réunion des deux nombres en un seul », que cette réunion n'implique

nullement la pensée de ce nombre unique ;
qu'on peut analyser tant qu'on veut le concept
de cette somme sans y trouver le nombre 12 ; et
qu'il faut pour cela « sortir » de ce concept et
recourir à l'intuition, par exemple en comptant
sur ses doigts (B. 15). Ce sont là autant
d'affirmations gratuites, qui ne seraient
justifiées que dans une conception
grossièrement empiriste de l'Arithmétique.
Tout au contraire, le concept de la somme de 7
et de 5, par cela même qu'il implique la réunion
des deux nombres (ou, plus exactement, de
leurs unités) en un seul nombre, contient ce
nombre même, attendu que celui-ci est
déterminé par là d'une manière univoque ; entre
7 + 5 et 12 il y a, non seulement égalité, mais
identité absolue. Cette proposition résulte donc,
d'une part, du principe d'identité, d'autre part,
de la définition de la somme et des nombres 7
et 5, et par conséquent elle est analytique. Il
n'est pas besoin de recourir à aucune intuition,
que ce soit celle des doigts de la main, de jetons
ou de cailloux, pour démontrer en toute rigueur
cette proposition. Kant prétend que le caractère

synthétique des vérités arithmétiques apparaît encore mieux lorsqu'il s'agit de nombres élevés (B. 16). Mais cet argument se retourne contre lui. En effet, il est pratiquement impossible d'avoir l'intuition précise et complète de nombres de l'ordre des millions, et jamais on ne pourrait les manier ni les calculer exactement s'il fallait recourir à l'intuition. Ce qui est vrai des grands nombres l'est aussi des plus petits, et par conséquent ce n'est pas l'intuition, mais le raisonnement, qui nous permet d'affirmer que 2 et 2 font 4.

Telle n'est pas l'opinion de Kant, qui considère au contraire toutes les vérités arithmétiques singulières de ce genre comme des propositions « immédiatement certaines », « évidentes » et « indémontrables » (B. 204-205). Il en résulte cette conséquence fort choquante, qu'on devrait admettre une infinité d'axiomes, puisque de telles vérités sont en nombre infini. Kant a aperçu la difficulté, et il s'en tire en appelant ces vérités, non pas des axiomes, mais des « formules numériques », parce qu'elles ne sont pas générales (comme les axiomes de la Géométrie). Quel que soit le nom qu'il leur donne, il n'en est pas moins vrai qu'il admet une infinité de propositions premières synthétiques et irréductibles, ce qui est peu conforme à l'idée d'une science rationnelle. Mais alors, comment se fait-il qu'on ait besoin du calcul, et parfois même de longs calculs, pour les découvrir ou les démontrer ? Si les vérités arithmétiques étaient réellement intuitives, il ne serait pas si difficile de s'assurer qu'un nombre donné est premier, ou de vérifier (je ne dis pas : de démontrer) le fameux théorème de Goldbach : « Tout nombre pair est la somme de deux nombres premiers ». En réalité, il y a là une erreur fondamentale sur la nature des vérités arithmétiques singulières, qui sont toutes démontrables ; les seules vérités primitives ou indémontrables de l'Arithmétique sont des propositions générales ou axiomes, dont précisément Kant ne s'occupe pas.

Il ne suffit pas de réfuter une erreur, dit-on souvent, il faut l'expliquer. Celle de Kant s'explique par sa conception étroite et simpliste de la Logique. Il dit, dans le dernier passage cité : « Nous pourrions tourner et retourner nos concepts tant que nous voulons, nous n'arriverions jamais à trouver la somme par la simple décomposition de nos concepts… » (B. 16). Mais qui nous dit que tous les concepts sont « composés » de concepts partiels, de telle sorte qu'il suffise de les « décomposer » pour découvrir toutes leurs propriétés ? C'est là une hypothèse gratuite de la vieille Logique, qui peut s'appliquer, à certains concepts empiriques, mais qui précisément ne s'applique pas aux concepts mathématiques. La même exigence presque naïve se manifeste dans un autre passage : « Je ne pense le nombre 12 ni dans la représentation de 7, ni dans celle de 5, ni dans la représentation de la réunion (*Zusammensetzung*) des deux » (B. 205). Que le concept de 12 ne soit contenu ni dans 7, ni dans 5, cela est trop évident ; mais qu'il ne soit pas contenu dans la « réunion » de 7 et de 5, cela est justement la question : et cela dépend de ce qu'on entendra par « réunion ». Kant a si bien senti la faiblesse de cet argument, qu'il ajoute une parenthèse où il paraît faire une distinction subtile entre « réunion » et « addition » : « Que je doive penser le nombre 12 *dans l'addition des deux*, il n'en est pas question ici » (il nous semble, au contraire, que c'est bien là la question), « car dans un jugement analytique il s'agit seulement de savoir si je pense réellement le prédicat dans la représentation du sujet. » On croirait, au premier abord, que Kant se réfugie ici dans une considération d'ordre psychologique, en distinguant ce qu'on doit penser et ce qu'on pense réellement : à quoi l'on répondrait que, s'il ne pense pas réellement le prédicat dans la représentation du sujet, c'est qu'il ne se représente pas réellement celui-ci : il est clair que si l'on se contente d'une pensée symbolique (comme disait Leibniz), c'est-à-dire de la représentation des signes 7, +, 5, on n'aura pas par là l'idée du nombre 12 ; mais si l'on pense réellement 7 unités d'une part, 5 unités d'autre part, et qu'on les pense réellement comme réunies en un seul nombre (ce qui est le sens du signe +), on pensera par là même nécessairement le nombre 12.

Mais tel n'est pas le véritable sens de cette proposition, comme le montre son analogie de forme avec une proposition que nous avons commentée précédemment (B. 47). Elle signifie en réalité (malgré l'emploi équivoque et irrégulier que Kant fait, dans la même phrase, des termes de « pensée » et de « représentation ») : « Ce n'est pas en réunissant *dans la pensée* les deux concepts de 7 et de 5 que j'obtiens le concept de 12 ; c'est en les construisant *dans l'intuition*, et en réunissant *dans l'intuition* les deux collections correspondantes pour en former une seule. » Mais, d'abord, si Kant admet réellement que les nombres sont des concepts, ce ne peuvent être que des concepts de collections ; le nombre 7 est le concept d'une collection de 7 objets, et ainsi de suite ; mais il ne faut pas le confondre avec une collection particulière, de même qu'en général il ne faut pas confondre un concept avec l'un quelconque des objets auxquels il s'applique. Or, si l'Arithmétique porte réellement sur les concepts de nombres, et non sur des collections particulières (comme des tas de cailloux), l'addition des nombres doit être une combinaison conceptuelle, et non pas intuitive ; sans doute, elle peut être représentée dans l'intuition, comme les nombres eux-mêmes, mais cette opération a une valeur générale et formelle, elle est indépendante de la nature des objets qui servent à la représenter, c'est donc une opération idéale, et non intuitive. D'ailleurs, la liaison qu'elle établit entre les deux nombres, ou plutôt entre leurs unités, est de la même nature que la liaison qui existe entre les unités de chaque nombre, et qui constitue ce nombre ; il serait donc absurde d'admettre un lien idéal entre les unités constituantes de chaque nombre, et de n'admettre qu'un lien intuitif entre les unités respectives des deux nombres. Si donc on considère l'addition comme une opération essentiellement intuitive, il faut soutenir que les nombres eux-mêmes n'existent que dans l'intuition (ce qui est la thèse des empiristes), et que les « concepts » de nombres se réduisent à des mots ou à des signes vides de sens.

Le raisonnement précédent répond à l'argument assez étrange contenu dans cette phrase ajoutée à la 2e édition de la *Critique* : « Que l'on doive ajouter 5 à 7, je l'ai sans doute pensé dans le concept d'une somme 7+5, mais non pas que cette somme soit égale au nombre 12 » (B. 16). Kuno Fischer a commenté ce passage d'une manière qui en constitue la meilleure réfutation : « 7+5, le sujet de la proposition, dit : Additionne les deux grandeurs ! Le prédicat 12 dit qu'elles sont additionnées. Le *sujet* est un *problème*, le *prédicat* est la *solution*. » C'est là une conception logique bien bizarre : où a-t-on jamais vu qu'un problème soit le sujet d'une proposition, et que sa solution en soit le prédicat ? Un problème est une proposition (interrogative ou problématique), et sa solution est une autre proposition (assertorique ou apodictique). D'ailleurs, comment passe-t-on des données d'un problème à la solution ? Ce ne peut être que par un acte d'intelligence, par un raisonnement, et non par une opération mécanique ou par une intuition. Mais c'est là une façon illégitime de *dramatiser* la question, car c'est faire intervenir des considérations psychologiques qui n'ont rien à faire ici. Peu importe qu'une proposition se présente à l'esprit comme un problème ou comme un théorème ; peu importe le temps qu'on met à la vérifier ou la manière dont on y parvient ; tout cela est affaire personnelle. D'abord, un membre d'une égalité mathématique ne peut pas être un problème ; c'est cette égalité tout entière qui est, ou un problème, ou une solution, au point de vue psychologique ; et, logiquement, c'est une vérité éternelle qui ne dépend pas des conditions dans lesquelles nous parvenons à sa connaissance. Mais ce qu'il y a de plus étonnant, c'est qu'un problème que l'entendement pose (puisque Kant parle du *concept* de la somme 7+5) ne puisse être résolu que par l'intuition. En réalité, il y a vraiment un problème, si « 7+5 » n'est qu'un assemblage de mots prononcés ou de signes écrits, qui sert de véhicule à l'idée entre deux esprits (par exemple de l'esprit du maître à celui de l'élève qu'il interroge) ; mais si l'on pense réellement le sens de ces mots ou de ces signes, il n'y a plus de problème, ou plutôt la position du problème en est la solution, car le même esprit qui pense 7+5 pense en même temps 12. Encore une fois, cette égalité mathématique ne représente nullement une opération pénible ou compliquée, mais une *identité* absolue. La synthèse ne s'effectue pas dans le passage du 1er au 2e membre (figuré par le signe =), mais dans la formation du 1er (figurée par le signe +). Or il ne s'agit pas de savoir comment nous avons formé le sujet, mais si ce sujet, supposé formé et donné, contient le prédicat.

Au fond, dans la phrase que nous discutons, Kant joue sur les mots de *réunion* et d'*addition*. Il parait vouloir dire que, pour obtenir le nombre 12, il ne suffit pas de réunir par la pensée les deux nombres 7 et 5, comme on réunit deux concepts partiels (*animal* et *raisonnable* par exemple, pour en composer un concept total, *homme*) : il faut les *additionner*, et cette opération, selon lui, ne peut s'effectuer que dans et par l'intuition. La distinction est juste, mais elle se retourne contre Kant. En effet, le sujet n'est pas « 7 et 5 », mais « 7+5 », ce qui signifie que pour le former il ne suffit pas de réunir les deux nombres, mais qu'il faut les additionner, et c'est ce qu'indique expressément le signe +. Si Kant refuse de les additionner, et se contente de les réunir, il n'a plus le droit de parler du concept de *somme*, même à titre problématique. En résumé, il reproche à l'addition arithmétique de n'être pas la multiplication logique, comme s'il ne pouvait y avoir qu'un seul mode de combinaison des concepts, et il se croit autorisé par là à substituer celle-ci à celle-là ; il ne fait que dénaturer le problème, si problème il y a. De même que les concepts de nombres ne se laissent pas définir *per genus et differentiam*, ni décomposer en facteurs logiques, ils ne se laissent pas non plus combiner par le procédé de la multiplication logique. Cela ne prouve qu'une chose : l'étroitesse et l'insuffisance de la Logique classique.

Mais il ne faudrait pas en conclure que l'addition arithmétique échappe aux prises de la vraie Logique, car elle peut et doit se définir au moyen de l'addition logique. Soit a une collection de 7 objets et b une collection de 5 objets ; on suppose que ces deux collections n'aient aucun élément commun. La somme de 7 et de 5 est le nombre de la collection formée en réunissant ces deux collections, c'est-à-dire de la somme logique de a et de b. Lorsque Kant prétend qu'il faut « sortir » des concepts de 7 et de 5 pour trouver 12, il veut dire simplement ceci, que cette somme s'obtient, non en combinant directement les deux nombres, mais en additionnant des classes qui y correspondent ; autrement dit, non par une multiplication logique, mais par une addition logique. Mais il ne faut pas dire qu'on « sort » par là du concept 7+5, car c'est précisément là ce qu'il signifie : on ne fait que le réaliser dans l'esprit.

On nous objectera peut-être que, par le fait même qu'on substitue aux concepts de nombres les classes correspondantes, on passe du domaine de la pensée dans celui de l'intuition : on représente les nombres par des classes ou collections d'objets : cela ne donne-t-il pas raison à Kant, en montrant que l'addition est une opération imaginative, et non intellectuelle ? A cela nous répondrons : Encore une fois, un nombre n'est pas autre chose que le concept d'une collection ; demander que l'on conçoive le nombre sans penser une collection, c'est demander l'impossible. D'autre part, c'est une loi psychologique que tout concept, même le plus abstrait et le plus « pur », a besoin de s'appuyer sur quelque image ; il est donc naturel et nécessaire que nos raisonnements sur les nombres s'accompagnent d'images plus ou moins vagues. Mais la question épistémologique, absolument indépendante de ces circonstances psychologiques, est celle-ci : Quel est le fondement logique des vérités arithmétiques ? Est-ce le concept, ou est-ce l'intuition ? Lorsque Kant considère comme

analytiques des jugements comme ceux-ci :
« L'or est jaune », ou « Tout corps est étendu »,
il ne prétend pas que, en formulant ces
jugements, nous bannissions toute image
sensible : car ce serait encore plus difficile que
pour les vérités arithmétiques. Il n'exige pas
que nous pensions l'or sans imaginer sa
couleur, ni les corps sans imaginer leur étendue
(puisque, selon sa propre doctrine, nous ne
pouvons jamais nous débarrasser de l'intuition
de l'espace) ; et pourtant il ne soutient pas que
les susdits jugements soient entachés
d'intuition, et par suite synthétiques. Pourquoi ?
C'est que, quelle qu'en soit l'origine
psychologique, et quelles que soient les images
dont ils s'accompagnent inévitablement, les
concepts d'*or* et de *corps* comprennent
actuellement, par définition, les concepts de
jaune et d'*étendu*. Eh bien, de même, le
concept, non pas de « 7 et 5 », mais de « 7+5 »,
de quelque manière qu'on l'ait formé, contient
actuellement et par définition le concept de 12,
bien mieux, il lui est identique.

Ce raisonnement trouve dans les explications ultérieures de Kant une précieuse confirmation. Il reconnaît en effet lui-même, un peu plus loin, que la mathématique emploie quelques principes analytiques (quand ce ne serait que le principe d'identité : $a=a$), et il déclare que, « bien qu'ils soient valables d'après les seuls concepts, ils ne sont admis dans la mathématique que parce qu'ils peuvent être représentés dans l'intuition » (B. 17). Mais, inversement, de ce que des propositions sont représentées dans l'intuition (même nécessairement), elles ne sont pas pour cela synthétiques, et peuvent « être valables d'après les seuls concepts ». Au surplus, on pourrait remarquer que Kant choisit assez malencontreusement son exemple de principe analytique : « Le tout est plus grand que la partie », qu'il formule : « a+b > a ». En effet, cette proposition n'est même pas un principe ou un axiome, car elle n'est vraie que pour certaines espèces de grandeurs, et non pour toutes. C'est un simple théorème que l'on démontre dans chaque cas, moyennant la définition des signes + et > (à moins qu'on ne prenne cette formule pour définition du signe >). Par exemple, ce théorème est vrai pour les nombres finis, mais il n'est plus vrai pour les nombres cardinaux infinis. Sans doute, on ne peut reprocher à Kant d'avoir ignoré ces vérités, si élémentaires qu'elles soient aujourd'hui. Mais on se demande, néanmoins, comment il a pu, en vertu de ses propres principes, admettre qu'une telle proposition est analytique. En effet, si l'on considère le premier membre, il contient le signe d'addition, il est une somme, tout comme 7+5, et si celle-ci est fondée sur l'intuition, celle-là doit l'être aussi : si l'on ne sait pas (analytiquement) que 7+5, c'est le nombre 12, on ne peut pas savoir non plus quelle est la somme de a et de b, ni par suite si elle est plus grande que a. D'autre part, si l'on considère la copule (le signe >), il est facile de se rendre compte que la vérité de cette proposition dépend essentiellement du sens ou de la définition de cette copule. Quel que soit ce sens, il a toutes chances d'être moins analytique que celui de la copule = (qui, nous l'avons vu, signifie l'identité) ; il serait aisé à un Kantien de soutenir que la relation *plus grand que* repose sur l'intuition. Kant n'a pu croire un instant que le prédicat (*a*) « est contenu » (au sens logique) dans le sujet (*a* + *b*) ; car, d'une part, ce sujet n'est pas un produit logique, mais une somme mathématique, et d'autre part la copule du jugement n'est pas le verbe être, ce n'est donc pas un jugement de prédication, comme semble l'exiger la définition des jugements analytiques. Il n'a pas pu davantage se faire cette illusion, que le jugement en question repose sur le principe de contradiction, car qu'est-ce qu'il y a de contradictoire à poser : « $a + b = a$ » ou « $a + b < a$ », à moins qu'on ne fasse intervenir l'intuition, c'est-à-dire une espèce particulière de grandeurs et une opération particulière figurée par +, auquel cas il peut bien y avoir une contradiction, non pas dans notre jugement, mais entre notre jugement et l'intuition ? Bref, de quelque façon qu'on examine cette proposition, on ne découvre aucune raison de la considérer comme analytique qui ne vaille *a fortiori* pour

« 7+5=12 », et l'on ne trouve non plus aucune raison de considérer « 7+5=12 » comme synthétique qui ne vaille a fortiori pour « a + b > a ». Que faut-il en conclure, sinon que la distinction des jugements analytiques et synthétiques était singulièrement vague et flottante dans l'esprit même de son auteur ?

Au surplus, elle l'a parfois induit en des erreurs flagrantes. Par exemple, il considère comme un jugement analytique ce principe : « Égal ajouté (ou retranché) à égal donne égal », parce qu'on y a immédiatement conscience de l'identité des deux grandeurs comparées (B. 204). Or c'est là une erreur, car ce jugement, loin de reposer sur le principe d'identité, énonce une propriété de l'addition (ou de la soustraction), à savoir que cette opération est uniforme. C'est donc là un axiome, qui est vrai pour certaines opérations et faux pour d'autres. Par exemple, l'extraction des racines n'étant pas une opération uniforme, on ne peut pas écrire : , bien que cette égalité ait toutes les apparences de l'identité, et que, selon les mots mêmes de Kant, on ait immédiatement conscience d'une identité dans la génération de la grandeur : car peut être aussi bien +2 que -2, de sorte que l'égalité considérée pourrait conduire à l'égalité absurde : +2=-2.

LE SCHÉMATISME.

Il ne reste plus qu'un seul argument en faveur de la nature synthétique des vérités arithmétiques : c'est la conception du nombre, telle qu'elle résulte de la théorie du schématisme. On sait que, selon Kant, le nombre, schème de la grandeur, « est une représentation qui embrasse l'addition successive d'une unité à une autre (de même espèce) » ; et, par suite, « le nombre n'est pas autre chose que l'unité de la synthèse de la multiplicité d'une intuition homogène en général, par le fait qu'on engendre le temps lui-même dans l'appréhension de l'intuition » (B. 182). Ainsi, en tant que schème, le nombre est intermédiaire entre la sensibilité et l'entendement : il est à la fois intellectuel et intuitif. D'un côté, il est un produit de l'imagination ; mais d'un autre côté, il participe de la généralité du concept, et par là se distingue de l'image.

De cette conception il résulte que le nombre a un contenu intuitif, et qu'il implique essentiellement la succession. C'est l'intuition, en particulier l'intuition du temps, qui sert de fondement aux jugements arithmétiques, et qui seule explique leur nature synthétique. Mais d'abord il convient de faire des réserves sur la portée de cette théorie. Sans doute, s'il est établi par ailleurs que les jugements arithmétiques sont synthétiques, on pourra trouver l'explication de ce fait dans la nature intuitive du nombre, et même en tirer argument en faveur de celle-ci ; mais, en admettant que le nombre procède, au moins en partie, de l'intuition, peut-on en conclure que les jugements arithmétiques soient synthétiques ? Pas le moins du monde, et les discussions précédentes nous apprennent pourquoi. Nous avons vu en effet que le caractère synthétique des *jugements* ne dépend nullement de la nature des *concepts*, de leur origine ou de leur mode de formation ; et nous savons que, de l'aveu même de Kant, on peut porter des jugements analytiques sur des concepts empiriques comme ceux de *corps* ou d'*or*, qui sont le produit d'une synthèse intuitive. Peu importe que l'intuition sur laquelle repose cette synthèse soit empirique, tandis que le nombre repose sur une intuition *a priori* : cela ne change rien à la nature synthétique de tous ces concepts, et cela n'empêche pas du tout qu'ils puissent être l'objet de jugements analytiques fondés sur leur définition.

Nous pourrions nous contenter de ce *non sequitur*, et nous dispenser de discuter la théorie kantienne du nombre. Nous le ferons d'ailleurs très brièvement, car nous avons étudié ailleurs la même question avec plus de développement. Que le nombre enveloppe nécessairement la succession, c'est là une proposition psychologique, et qui, même au point de vue psychologique, est plus que contestable, au moins pour les petits nombres : n'a-t-on pas l'intuition absolument simultanée de 2, 3, 4, 5 points, surtout quand ils sont régulièrement disposés ? Comment pourrait-on lire la lettre Δ, par exemple, si l'on n'avait pas la perception simultanée de ses 3 côtés et de ses 3 sommets ? Comment les aveugles eux-mêmes pourraient-ils distinguer au toucher les lettres de l'alphabet Braille, s'ils ne percevaient simultanément les points (au nombre de 6 au plus) qui composent chacune d'elles ? Quoi qu'il en soit, du reste, ces considérations psychologiques n'ont aucune valeur dans la question épistémologique qui nous occupe. Il ne s'agit pas de savoir comment nous *prenons conscience* d'un nombre, mais en quoi consiste la notion d'un nombre. Or dans cette *notion* il ne reste rien des opérations psychologiques, simultanées ou successives, par lesquelles nous l'avons formée, et pour cette bonne raison, qu'il faut que nous ayons conscience *simultanément* de toutes les unités pour pouvoir dire que nous pensons un nombre et *quel* nombre nous pensons. Au fond, quiconque fait intervenir le temps dans la notion de nombre confond celle-ci (à la manière des empiristes) avec l'opération du dénombrement. Or il est facile de montrer que le dénombrement présuppose l'idée de nombre, loin de l'engendrer, et qu'en tout cas, l'idée de nombre fût-elle postérieure au dénombrement, il n'y reste pas plus de trace du temps employé à cette opération, qu'il ne reste, dans un édifice, de trace de l'échafaudage qui a servi à le construire.

Au surplus, qui prouve trop ne prouve rien ; or l'argument psychologique que nous discutons ne tend à rien de moins qu'à prouver que le temps fait partie intégrante de toutes nos idées et de toutes nos connaissances, puisqu'il est la forme générale, non seulement de la sensibilité, mais de toute la vie mentale, et que tous nos actes, même les plus intellectuels, se passent forcément dans le temps. Un monument, un tableau sont, bien plus certainement que le nombre, le produit d'une synthèse forcément successive, soit d'assises de pierre, soit de touches de pinceaux juxtaposées et *superposées* ; et pourtant, une fois terminés, ils ne conservent rien de la durée consacrée à leur élaboration. Un raisonnement purement logique « prend du temps » pour s'effectuer dans l'esprit ; il ne s'ensuit pas qu'il implique si peu que ce soit une synthèse intuitive et temporelle.

Dira-t-on que la synthèse intuitive qui constitue le nombre s'effectue dans l'espace, et non dans le temps, ou dans l'espace aussi bien que dans le temps ? Cette interprétation, quoique contraire à la théorie du schématisme, pourrait s'appuyer sur les passages précédemment cités de l'*Introduction* et des *Prolégomènes*, car dans ceux-ci le nombre est présenté comme un schème spatial, et non comme un schème temporel. Mais la thèse qui fait reposer le nombre sur l'intuition de l'espace n'est pas plus solide que celle qui le fonde sur l'intuition du temps : car, de même qu'on peut dénombrer des objets qui ne sont pas successifs ni même soumis au temps, on peut dénombrer des objets qui ne sont ni étendus ni même situés dans l'espace : des notions, par exemple, ou des propositions. D'ailleurs, on ne, ferait que reculer la difficulté, car l'espace lui-même, selon Kant, ne peut être perçu que dans le temps. Il soutient en effet que l'espace est une grandeur extensive, c'est-à-dire telle que la représentation du tout n'est possible que par la représentation *préalable* des parties (B. 203). Or les grandeurs extensives ne peuvent être appréhendées que par une synthèse *successive* de leurs parties (B. 204) ; et Kant répète plus loin la même assertion au sujet des grandeurs *continues* : la synthèse (de l'imagination productive) qui les engendre est un processus dans le temps (B. 212) ; et d'ailleurs l'espace et le temps sont des grandeurs continues (B. 211). Qu'est-ce à dire, sinon que les grandeurs spatiales et l'espace lui-même ne peuvent être appréhendés qu'à travers le temps ? Aussi Kant affirme-t-il que la Géométrie, elle aussi, « repose sur la synthèse successive de l'imagination productive dans la génération des figures » (B. 204) ; par exemple, on ne peut pas se représenter une ligne sans la tirer dans la pensée, et par suite l'engendrer dans le temps (B. 203 ; cf. 154, 137-138). Cet exemple suffit à juger toute cette théorie ; elle consiste à confondre, à la manière des empiristes, les *idées* géométriques avec les *images* subjectives qui leur servent de support intuitif. L'idée d'une ligne est aussi indépendante de l'image que l'on obtient en la « tirant » par la pensée, que de la figure sensible qu'on réalise avec un tire-ligne sur le papier ou avec la craie sur le tableau. On n'a pas plus le droit de dire qu'une ligne enveloppe une certaine durée, que de dire qu'elle se compose d'encre de Chine ou de carbonate de chaux.

Au surplus, la théorie du schématisme donne lieu, en ce qui concerne le nombre, à bien des difficultés. On sait qu'un schème est « la représentation d'un procédé général de l'imagination pour procurer à un concept son image » (B. 179-180). Or Kant distingue le nombre, comme schème de la grandeur, de l'image qu'on en construit, par exemple, à l'aide de points (B. 179). La pensée d'un nombre particulier « est la représentation d'une méthode pour représenter une multitude (par exemple 1000) conformément à un certain concept dans une image, plutôt que cette image même, qu'il serait difficile, dans ce dernier cas, d'embrasser et de comparer au concept » (B. 179). Mais qu'est-ce que ce concept, sinon la notion d'une multitude composée de 1000 unités, c'est-à-dire la notion même du nombre 1000 ? Dès lors, que vient faire le schème entre ce concept et son image ? S'il est un produit de l'imagination, il ne peut être que confus comme l'image même ; s'il est une méthode *générale* de construction, il ne diffère pas du concept ; dans tous les cas, on ne voit pas comment il peut faciliter la comparaison et le rapprochement du concept et de l'image.

D'autre part, si le nombre est le schème de la grandeur, il semble que le concept que le nombre représente soit le concept d'une grandeur. Mais qu'est-ce qui fait que tel nombre représente telle grandeur plutôt que telle autre ? C'est qu'il exprime le rapport de cette grandeur à la grandeur-unité de même espèce ; or le choix de cette unité est complètement arbitraire. Il n'y a donc dans la notion d'une grandeur rien qui indique qu'elle doive avoir pour « schème » tel nombre plutôt qu'un autre. De plus, si la grandeur est un concept, et si elle ne peut être schématisée que par le nombre, que devient la théorie kantienne suivant laquelle toute grandeur est intuitive, et revêt nécessairement la forme de l'espace et du temps ? Enfin, quel est le rapport du nombre, en tant que schème, avec les « schèmes » des figures géométriques ? On dira sans doute que le nombre est un schème temporel, tandis que les schèmes géométriques sont spatiaux. Pourtant, Kant admet que le nombre 5 a pour image cinq points alignés ; or, si l'on généralise ce procédé de construction, on obtiendra un schème *spatial* du nombre 5 ; et, d'autre part, la construction des figures géométriques étant *successive* selon Kant, les schèmes géométriques doivent impliquer aussi le temps. On ne voit donc pas ce qui distingue le nombre des schèmes géométriques, ni en quoi l'Arithmétique diffère de la Géométrie, tant par sa méthode que par son objet. Et pourtant tout le monde sent la différence qu'il y a entre les nombres et les figures géométriques ; les premiers sont plus abstraits, plus généraux, plus intellectuels, et ont une portée universelle : tout obéit aux lois du nombre, tandis que tout ne tombe pas sous les prises de la Géométrie. En résumé, si le nombre est un schème, il ne peut être le schème, ni du nombre, ni de la grandeur, de sorte qu'on ne sait pas de quoi il est le schème.

LE NOMBRE ET LA GRANDEUR.

D'ailleurs, il est difficile de se faire une idée précise de la théorie de Kant sur la grandeur et ses rapports avec le nombre. En principe, la grandeur est une catégorie, c'est-à-dire un concept *a priori* de l'entendement ; elle a pour schème le nombre, et pour image l'espace (B. 182). Le nombre serait alors un intermédiaire entre la grandeur et l'espace, le véhicule de celle-là dans celui-ci. Mais le concept de grandeur, comme toutes les catégories, n'a de valeur objective que par son application aux données d'une expérience possible, c'est-à-dire à l'intuition. Il faut donc « rendre les concepts sensibles », et c'est à cela que servent les schèmes. Ainsi, selon Kant, le concept de grandeur cherche son support et son sens dans le nombre, et celui-ci dans les doigts, les boules du tableau à calculer, les traits ou les points (B. 299). Il semble, par suite, qu'on ne puisse penser la grandeur, en mathématiques, que par l'intermédiaire du nombre, et, remarquons-le bien, du nombre entier et concret, qui est essentiellement discontinu. On ne pourra donc concevoir la grandeur elle-même que comme discontinue ; et en effet, selon Kant, on ne peut pas la définir autrement qu'en disant que c'est la détermination d'une chose par laquelle on pense combien de fois elle en contient une autre (B. 300). Et il ajoute que ce « combien de fois » repose sur la répétition *successive*, par suite sur le temps et sur la synthèse de l'homogène dans le temps (c'est-à-dire le nombre). On se demande alors comment on n'a jamais pu arriver à la notion de grandeur continue. Car de deux choses l'une : ou bien c'est le nombre qui « imite » la grandeur, suivant le mot de Pascal, et alors on ne peut expliquer la généralisation du nombre (les nombres fractionnaires, négatifs, irrationnels) qu'en supposant que nous avons une notion primitive et originale de la grandeur, indépendamment du nombre ; ou bien nous ne pouvons concevoir la grandeur que par l'intermédiaire (le *schème*) du nombre, et alors, pour expliquer la continuité de la grandeur, il faut définir les nombres fractionnaires, négatifs et irrationnels d'une manière autonome, sans faire appel à l'idée de grandeur ni à l'intuition spatiale. Cette dernière alternative est parfaitement possible, mais elle réfute par son existence même la thèse kantienne, car elle aboutit à faire reposer toute la mathématique sur des fondements analytiques. Tout au moins, elle oblige à abandonner cette conception empiriste du nombre, suivant laquelle il devrait nécessairement s'incarner dans des collections d'objets visibles et palpables, car celle-ci ne permet évidemment pas de dépasser les nombres entiers cardinaux.

En tout cas, nous pouvons de toute cette théorie retenir cet aveu : que la notion de grandeur est, en soi, distincte de l'espace et du temps, puisque ces deux formes d'intuition ne font que lui prêter des images ou des schèmes. Or la mathématique est, selon Kant, la science de la grandeur en général ; donc, comme telle, elle est indépendante de l'espace et du temps ; elle ne repose pas sur l'intuition, mais sur le concept *a priori* de grandeur. Seulement, on peut en dire autant du nombre, car il résulte de la discussion précédente que, si le nombre trouve dans l'espace et dans le temps des schèmes appropriés, il est en lui-même un concept distinct et indépendant des deux formes d'intuition, par cela seul qu'il peut indifféremment être « construit » dans l'une et dans l'autre. Concluons donc que les sciences du nombre et de la grandeur sont des sciences rationnelles pures, indépendantes de l'intuition.

Kant lui-même a parfois considéré le nombre comme un concept intellectuel, non seulement dans sa *Dissertatio* de 1770, que l'on pourrait récuser, mais dans la *Critique de la Raison pure*. Il dit en effet ceci : « La synthèse pure, représentée d'une manière générale, donne le concept intellectuel pur. Mais j'entends par cette synthèse celle qui repose sur un principe d'unité synthétique *a priori* : ainsi notre numération (cela se remarque surtout dans les nombres élevés) est une *synthèse d'après des concepts*, parce qu'elle a lieu suivant un principe d'unité commun (par ex. le système décimal) » (A. 78, B. 104). Ce passage semble bien impliquer que le nombre, produit d'une synthèse pure, est un concept intellectuel pur, ce qui parait contredire la théorie du schématisme. On pourrait expliquer ce fait en disant que, lorsqu'il écrivait ces lignes, Kant n'avait pas encore élaboré la théorie du schématisme. Cependant, dans ce même passage, il parle du rôle de l'imagination, et lui attribue même toutes les synthèses en général (B. 103). Il est d'autant plus remarquable que dans ce passage il considère le nombre comme le produit d'une synthèse intellectuelle, et non d'une synthèse imaginative, et qu'il n'y soit aucunement question de l'intuition (du temps) qui, selon le schématisme, sert de base ou de matière à cette synthèse.

L'ALGÈBRE.

Kant reconnaît d'ailleurs que la mathématique n'a pas seulement pour objet *des* grandeurs concrètes, comme celles qu'étudie la Géométrie, mais aussi *la* grandeur pure, en faisant abstraction de tout objet ; et c'est là, selon lui, l'office de l'Algèbre (B. 745). Il semble donc admettre que la grandeur est quelque chose de supérieur aux formes de l'intuition, et par conséquent d'intellectuel ; cela dément tout au moins cette assertion, que l'espace et le temps sont les *seules* grandeurs originaires (B. 753). Mais il essaie de sauver sa doctrine en soutenant que l'Algèbre, elle aussi, procède par construction de concepts ;

seulement, ce n'est plus une construction « ostensive ou géométrique » qui porte sur les objets, c'est une construction « symbolique » ou « caractéristique », qui porte sur les signes algébriques (B. 745, 762). Il y a là une exagération manifeste : car, en admettant qu'il soit indispensable (et non simplement commode) de représenter les concepts par des signes, on ne peut pas appeler cela une construction de ces concepts, ni en conclure qu'ils sont intuitifs de leur nature. C'est tout bonnement confondre le signe avec la chose signifiée. On peut représenter même des rapports logiques par des signes analogues aux signes algébriques (dans l'Algèbre de la Logique) ; il ne s'ensuit pas que ces rapports ne puissent être pensés qu'au moyen de l'intuition. Nous avons vu Kant lui-même figurer la composition d'un concept par la formule symbolique a + b ; faudra-t-il en conclure que cette composition est une synthèse intuitive ? Il réfute donc sa propre théorie en la poussant à l'extrême, car, en raisonnant de cette manière, il n'y a aucune notion, aucune relation dont on ne puisse prouver qu'elle est fondée sur l'intuition. Toutes nos idées ne se traduisent-elles pas par des mots, et ces mots sont-ils autre chose que des signes visibles ou audibles, qui « construisent » nos idées dans l'espace et dans les temps ?

Sans doute, Kant distingue les mots des signes algébriques, en disant qu'en philosophie on ne raisonne pas sur les mots, tandis qu'en Algèbre on raisonne sur les signes et on laisse de côté les objets signifiés jusqu'à la fin du raisonnement. Mais il y a ici une confusion d'idées. Il n'est pas vrai qu'en Algèbre on raisonne sur les signes ; on raisonne toujours sur les idées qu'ils représentent ; et si l'on peut opérer mécaniquement avec eux, c'est à la condition d'avoir justifié une fois pour toutes les règles formelles des opérations, ce qui ne peut se faire qu'en considérant le sens réel de ces opérations et des signes eux-mêmes. Il est vrai qu'en un sens on fait abstraction de la nature des objets, mais c'est parce qu'elle est réellement indifférente et étrangère au raisonnement. En Algèbre, on ne s'inquiète pas de savoir si les lettres représentent des nombres entiers ou fractionnaires, de même qu'en Arithmétique (pure, non appliquée) on ne s'inquiète pas de savoir si un nombre représente une collection, ou une longueur, ou un poids, et de même qu'en Géométrie on ne s'inquiète pas de savoir si un solide est en bois ou en métal ; ce sont là des abstractions essentielles à chacune de ces sciences, par lesquelles on dépouille les notions qui en sont l'objet spécial de toute immixtion d'éléments étrangers. Mais il n'en résulte pas qu'en Algèbre on fasse abstraction même du nombre général ou de la grandeur, qui en est l'objet propre, et qui est le contenu même des formules algébriques. Lors donc que dans un problème d'Algèbre on fait abstraction de la nature particulière des grandeurs que l'on traite, ce n'est pas pour vider les symboles et les formules de tout contenu, mais pour les réduire à leur contenu essentiel, qui est l'idée de grandeur en général.

Enfin Kant attribue au « calcul littéral » (comme il appelle assez improprement l'Algèbre) une vertu d'infaillibilité toute spéciale, qui serait due à ce qu'on y raisonne uniquement sur des signes sensibles, qui soulagent la mémoire et l'attention et garantissent contre toute omission et tout oubli. Les mots, au contraire, ne peuvent pas rendre le même service car on ne peut les manier sans penser plus ou moins à leur sens ; et alors on est toujours exposé à confondre ou à altérer leurs significations. Ces avantages du symbolisme algébrique sont réels, mais ils ne constituent pas un argument en faveur de la thèse kantienne : et la preuve en est qu'ils ont été reconnus par des rationalistes tels que Descartes et Leibniz.

Celui-ci surtout considérait si bien le calcul algébrique comme une méthode d'infaillibilité, qu'il voulait l'étendre à toute espèce de déduction, et constituer une Caractéristique universelle qui fût un « juge des controverses ». Il vantait, bien plus fortement que Kant, le secours que la pensée tire de l'emploi de signes

« commodes et appropriés », sans pour cela tomber dans le nominalisme et réduire l'Algèbre, la Mathématique et la Logique elle-même à un pur jeu de symboles dénués de sens. Ce qui fait la supériorité du calcul algébrique sur le raisonnement verbal, ce n'est pas que dans le premier on raisonne sur les signes et dans le second sur les idées ; c'est que dans le premier les signes correspondent à des idées claires et bien définies, tandis que dans le second les signes, c'est-à-dire les mots, correspondent à des idées confuses, flottantes et équivoques, que l'usage vulgaire y associe d'ordinaire. Le signe est simplement un moyen d'identifier un concept précis et rigoureusement défini ; et le mot rendrait le même service, à la condition que son sens fût lui aussi bien défini, et qu'on ne lui en attribuât jamais d'autre. Il ne faut donc pas attribuer aux signes une vertu quasi mystérieuse qui garantisse sûrement de l'erreur ; on commet des fautes de calcul aussi bien que des fautes de raisonnement, ce qui n'empêche pas le calcul, comme le raisonnement, de donner la certitude et d'être théoriquement infaillible. Il est étrange de voir Kant faire consister, comme un simple empiriste, « l'évidence » dans la « certitude intuitive », faire appel au témoignage des « yeux » pour « préserver toutes les déductions de l'erreur », et ne reconnaître comme démonstrations que celles qui s'appuient sur l'intuition. Ou bien il y a là une simple question de mots, c'est-à-dire une définition nominale et arbitraire du mot démonstration ; ou bien c'est une erreur palpable, car on ne peut nier qu'il n'y ait des *démonstrations* purement logiques et intellectuelles, et Kant ne serait sans doute pas allé jusqu'à soutenir que la valeur du syllogisme est fondée sur l'intuition.

LES JUGEMENTS GÉOMÉTRIQUES.

Il nous reste à discuter la théorie de Kant au sujet de la Géométrie. S'il y a une science qui paraisse reposer sur l'intuition, c'est bien celle-là, puisque c'est la science de l'espace ; aussi bien des mathématiciens-philosophes, qui considèrent l'Analyse comme une science pure et *a priori*, regardent-ils la Géométrie comme une science empirique ou du moins intuitive. Cela prouve en tout cas qu'il y a lieu de séparer la Géométrie de la science générale des grandeurs, et qu'on ne peut pas conclure de l'une à l'autre.

Ici encore, c'est par des exemples que Kant essaie d'établir sa thèse. Nous serons donc obligé de les examiner tour à tour. Pour montrer que les jugements géométriques sont synthétiques, il cite cette proposition : « La ligne droite est la plus courte entre deux points. » En effet, dit-il, mon concept de droite ne contient rien de quantitatif, mais seulement une qualité. Le concept quantitatif de « le plus court » ne peut donc être contenu dans le sujet, ni en être tiré par analyse ; il ne peut lui être adjoint que par une synthèse fondée sur l'intuition.

Demandons-nous d'abord quelle est pour Kant la valeur méthodologique de la proposition citée ; est-ce une définition, un axiome ou un théorème ? Il semble que ce soit un axiome, car il parle de « principe » (*Grundsatz*). Eh bien ! ce n'est nullement un axiome, mais un théorème démontrable et démontré. Ce ne peut pas être un principe, car cette proposition suppose que l'on sait ce qu'est la longueur d'une ligne quelconque. Or la longueur d'une ligne courbe ne peut se définir que dans la Géométrie analytique et infinitésimale, et elle se définit *en fonction de la ligne droite*. C'est donc *par définition* que la ligne droite est le prototype ou l'étalon des longueurs. Kant se place au point de vue du sens commun empiriste, qui *croit voir* la longueur d'une courbe, parce qu'il *imagine* un fil souple et inextensible appliqué sur cette courbe, puis tendu sous forme de ligne droite. Mais cette *intuition* n'intervient nullement comme principe scientifique en Géométrie, et pour cause : car c'est seulement lorsqu'on a défini la longueur d'une courbe qu'on peut *concevoir* clairement qu'un fil *conserve sa longueur* en se déformant. Par conséquent, tout appel à l'intuition, en cette matière, constituerait un cercle vicieux.

On ne peut donc pas dire que la ligne droite soit par elle-même et primitivement une quantité ; dans tous les cas, du reste, ce n'est pas la ligne droite (illimitée) qui peut être une quantité, c'est le *segment* fini que l'on découpe sur elle. On ne peut pas non plus dire que la ligne droite est une qualité, comme le rouge ou le chaud. Tout ce qu'on peut dire, au point de vue de la grammaire (qui est celui de la logique d'Aristote), c'est que la *rectitude* est une qualité, et que la droite est le *sujet* de cette qualité. Mais, à vrai dire, ces « catégories » scolastiques n'ont pas de sens, appliquées aux entités géométriques. En réalité, la ligne droite est une *figure* : au point de vue projectif (qu'on peut appeler, si l'on veut, qualitatif) et considérée dans sa totalité, elle est absolument infinie, elle comprend tous les points situés sur sa *direction*. Elle n'est pas une grandeur ; mais elle devient le support d'une série de grandeurs (des longueurs) lorsque l'on y fixe des points, et qu'on définit entre eux certaines relations appelées *distances*. On dira, par exemple, que, si le point B est entre A et C, la distance AC est *plus grande* que les distances AB et BC, et qu'elle est leur *somme*. Moyennant ces définitions de l'inégalité et de la somme, les distances deviennent des grandeurs mesurables. Y a-t-il là une « synthèse » de la qualité et de la quantité ? Nous n'en savons rien ; il y a là simplement la *définition* d'une espèce de grandeurs. Toujours est-il que cette grandeur ne caractérise pas la ligne droite comme telle : ce n'est pas de la ligne droite *tout entière*, dans son infinité et son unité indivise, qu'on peut dire qu'elle est « la plus courte » ; c'est seulement d'un segment de droite limité par deux points. Et quand on dit que ce segment est plus court que toute ligne brisée liant les mêmes extrémités, on compare, au fond, un segment de droite à un autre segment de droite, et l'on affirme que le premier est ou peut être contenu dans le second. La relation d'inégalité (*plus grand que*) se trouve donc définie par la relation de tout à partie, et le théorème en question n'est qu'une application de cette proposition : « Le tout est plus grand que la partie », que Kant considérait comme un principe, et même comme un principe analytique. Ainsi, lorsque Kant dit que ce théorème : « Dans un triangle la somme de deux côtés est plus grande que le troisième » ne peut jamais se déduire des concepts de ligne et de triangle (B. 39), il a parfaitement raison, car il n'y est pas question, en réalité, de ligne ni de triangle ; ce théorème peut en effet se formuler ainsi : « Étant donnés trois points quelconques, la distance de deux d'entre eux est plus petite que la somme de leurs distances au troisième. »

Dans son opuscule sur les *Progrès de la Métaphysique* [*Sur la question mise au concours par l'académie royale des sciences pour l'année 1791 : quels sont les progrès réels de la métaphysique en Allemagne depuis le temps de Leibniz et de Wolff ?*] (1791), Kant donne comme exemple de jugement synthétique le suivant : « Toute figure à trois côtés a trois angles », « car, dit-il, bien que, quand je pense trois lignes droites comme enfermant un espace, il soit impossible de ne pas penser en même temps par là trois angles, je ne pense pourtant pas du tout dans ce *concept* du trilatère l'inclinaison des côtés l'un par rapport à l'autre, c'est-à-dire que je ne pense pas réellement le concept d'angle *en lui* ». Comme on l'a déjà remarqué, c'est là une erreur : le concept d'angle est contenu dans la notion de droites qui *se coupent* : or, comment pourraient-elles enfermer un espace, si elles ne se rencontraient pas ? De deux choses l'une : ou bien l'on conçoit le triangle à la manière classique, comme une figure finie, et alors on doit le définir la figure formée par 3 droites qui se coupent 2 à 2 ; dès lors, en vertu d'un théorème de Combinatoire, ces 3 droites ont 3 intersections, et par suite déterminent 3 angles. Ou bien l'on conçoit le triangle, au sens projectif, comme l'ensemble de 3 droites situées dans un même plan : et alors deux d'entre elles peuvent être parallèles, ou même toutes les trois. Mais en même temps on doit admettre que 2 droites parallèles ont un point commun à l'infini, et par suite 3 droites quelconques situées dans un même plan ont toujours 3 points communs deux à deux, et déterminent ainsi 3 angles (qui peuvent être nuls). Donc, dans tous les cas, la notion des angles est bien contenue dans la notion des 3 droites, ou dans celle du « trilatère ». Ailleurs Kant prétend que du concept de deux lignes droites on ne peut pas déduire logiquement que deux droites n'enferment pas un espace (B. 65 ; cf. B. 299) ; il oublie que c'est là pour lui la définition même de la droite, à savoir qu'il n'y en a qu'une qui passe par deux points, et que par suite cette propriété dérive analytiquement du concept de droite. De même, il affirme que ce jugement : « Trois points sont situés dans un même plan » est synthétique (B. 761) ; or il fait partie de la définition même du plan. Tous ces exemples prouvent que la distinction des jugements analytiques et synthétiques n'était pas plus claire ni plus solide, pour Kant lui-même, en Géométrie qu'en Arithmétique.

LES DÉMONSTRATIONS
GÉOMÉTRIQUES.

Enfin, pour prouver que les démonstrations géométriques reposent sur l'intuition, Kant considère le théorème connu : « La somme des 3 angles d'un triangle est égale à 2 droits », et il constate que pour le démontrer on a recours à une construction ; celle-ci a pour but de produire 3 angles qui soient, d'une part, égaux aux 3 angles du triangle, et dont, d'autre part, la somme soit intuitivement égale à 2 droits (B. 744).

Il semble donc que, selon Kant, on ne puisse pas démontrer un théorème de Géométrie sans construire une figure et mener des lignes auxiliaires, et que toute construction implique nécessairement un appel à l'intuition. Or ni l'une ni l'autre de ces propositions n'est justifiée. Pour commencer par la seconde, une démonstration géométrique n'est valable que si elle ne repose pas sur un appel à l'intuition : tout le monde sait qu'il ne faut jamais invoquer les propriétés apparentes de la figure, et que l'on peut commettre ainsi des sophismes dont quelques-uns sont classiques. Il en est de même des constructions auxiliaires : on ne doit pas mener une ligne, fixer un point et invoquer ensuite leur position, sans démontrer que ces éléments existent, et sont bien situés là où on les a figurés. D'ailleurs, quand on parle de construire telle ou telle figure, c'est là une façon de parler anthropomorphique, une métaphore empruntée à la pratique : les figures que l'on trace, c'est-à-dire que l'on réalise empiriquement, existent déjà idéalement, en tant qu'elles sont prédéterminées par les données de la question. Quand on dit : « Joignons les deux points A et B », cela signifie en réalité : « Les deux points A et B déterminent une droite, en vertu de la définition même de la droite. » Quand on dit : « Prolongeons la droite AB », c'est là un accident empirique de la figure tracée matériellement, car la droite AB est essentiellement infinie. De même enfin, quand, 2 droites orthogonales étant données, on parle de mener par l'une d'elles un plan perpendiculaire à l'autre, on ne fait que réaliser ce qui était impliqué dans l'hypothèse : car 2 droites sont orthogonales, *par définition*, lorsque l'une d'elles est contenue dans un plan perpendiculaire à l'autre (on démontre que cette propriété est réciproque) ; par conséquent, le plan en question existait déjà, *par définition*. Il en est de même partout : on ne peut construire (utilement et valablement) aucune figure qui ne soit déjà déterminée par les données ou les définitions. On ne fait que réaliser empiriquement des éléments préformés de la figure idéale ; et comme c'est sur celle-ci qu'on raisonne, on ne lui ajoute rien à proprement parler ; on ne construit, on ne crée aucun élément, on le rend seulement sensible à mesure qu'on en a besoin. C'est comme si l'on repassait à l'encre un dessin esquissé en traits presque invisibles au crayon. Aussi, tout ce qu'on dit être vrai « par construction » peut être dit vrai « par hypothèse » ou « par définition ».

Ainsi, lors même que les constructions seraient indispensables, elles n'impliqueraient pas un appel à l'intuition. Mais elles ne sont pas si indispensables qu'on le croit, d'après les « éléments » de la Géométrie synthétique. On a depuis longtemps critiqué le caractère artificiel des démonstrations d'Euclide parce qu'elles s'appuient sur des constructions parfois compliquées et en apparence arbitraires, sur un échafaudage de lignes auxiliaires, qui sortent de la figure donnée et y ajoutent des éléments tout à fait étrangers ; il semble alors que l'on ne puisse passer de l'hypothèse à la conclusion que par de longs circuits et par des efforts d'imagination ; de telles démonstrations sont parfois si détournées qu'elles paraissent en effet être, non pas des raisonnements réguliers et suivis, mais des tours de passe-passe. Mais on peut généralement leur substituer des démonstrations beaucoup plus simples et plus directes, fondées sur les propriétés intrinsèques de la figure donnée, et qui le plus souvent n'exigent pas le tracé d'une seule ligne auxiliaire. Pour opposer exemple à exemple, nous croyons devoir citer ici une démonstration de ce genre. Nous l'empruntons à un ouvrage d'enseignement élémentaire, conçu en dehors de tout esprit de système, et inspiré uniquement par le souci de la rigueur logique en même temps que de l'ordre et de la clarté pédagogiques.

Quand deux plans sont perpendiculaires, toute perpendiculaire à leur intersection dans l'un est perpendiculaire à l'autre. « Car cette droite peut être considérée comme l'intersection du premier plan par un troisième qui serait perpendiculaire sur l'intersection des proposés (95), par suite perpendiculaire sur le second (107, 111). »

Cette démonstration, rédigée en une phrase, ne fait appel à aucun fait d'intuition : elle n'est accompagnée d'aucune figure, et, comme on voit, elle ne demande aucune construction. Elle se réfère simplement à trois propositions antérieures qu'elle se borne à rapprocher et à combiner. Pour la comprendre, il est nécessaire de connaître ces propositions :

« 95. Par un point d'un plan contenant une droite, on ne peut mener qu'une perpendiculaire à cette droite : et cette perpendiculaire est l'intersection du plan donné et du plan perpendiculaire à la droite donnée passant par le point donné.

« 107. Deux plans sont perpendiculaires quand l'un d'eux contient une droite perpendiculaire à l'autre.

« 111. Quand deux plans qui se coupent sont perpendiculaires à un même troisième, leur intersection lui est perpendiculaire. » Revenons à la démonstration pour l'analyser et la développer. L'hypothèse comprend : deux plans perpendiculaires, soient P et Q ; leur intersection, soit la droite D ; et la droite E perpendiculaire à D dans P. La droite E est (en vertu de 95) l'intersection du plan P par un plan R perpendiculaire à la droite D. Mais (en vertu de 107) le plan R, perpendiculaire à une droite D du plan Q, est perpendiculaire à Q. Les deux plans P et R sont perpendiculaires à Q, donc (en vertu de 111) leur intersection E est perpendiculaire à Q ; c. q. f. d.

Nous nous abstenons à dessein de faire une figure, car elle est absolument inutile. On n'a pas besoin de *voir* les plans P, Q, R, et les droites D, E ; il suffit de savoir quelles sont leurs relations, et de leur appliquer pour ainsi dire automatiquement les trois propositions 95, 107 et 111. C'est une démonstration verbale, c'est-à-dire formelle. On pourrait dépouiller de toute signification géométrique les entités D, E, P, Q, R, ainsi que les relations de perpendicularité et d'appartenance qui les unissent ; le raisonnement serait le même, et il serait tout aussi valable, du moment que les trois propositions 95, 107 et 111 sont supposées vraies. Cet exemple montre qu'une démonstration géométrique peut (et doit) être une déduction purement logique. Il convient d'ajouter que le théorème en question n'est nullement un corollaire (c'est-à-dire une conséquence immédiate d'un autre), et que la démonstration que nous venons de citer n'est pas une exception : la plupart des démonstrations contenues dans le même ouvrage ont le même caractère, et n'ont pas davantage recours à la figure ni à la construction.

ROLE DE L'INTUITION EN GÉOMÉTRIE.

Quant à cette assertion répétée de Kant, que la mathématique considère toujours le général dans le particulier, et même dans le singulier et le concret, elle n'est pas justifiée. Même dans la Géométrie synthétique, à laquelle elle parait s'appliquer, si l'on trace une figure pour démontrer un théorème, on ne raisonne jamais sur les propriétés particulières de la figure, mais seulement sur ses propriétés générales, qui lui sont communes avec toutes les figures de même genre, visées par le théorème. On n'invoque jamais, dans la démonstration, les propriétés intuitives de la figure particulière que l'on considère, mais seulement les propriétés qui résultent de sa définition ou de sa construction, c'est-à-dire des *hypothèses* du théorème. Kant dit que la mathématique représente « le général *in concreto* (dans l'intuition singulière).... par où tout faux pas devient visible » (B. 763). Il y a là une équivoque. S'il s'agit de la méthode de l'Algèbre, il a raison de dire que les signes sensibles préservent de l'erreur, comme Leibniz l'avait déjà remarqué. Mais s'il s'agit de la méthode géométrique, les figures ne peuvent, tout au contraire, qu'induire en erreur ; car la prétendue « évidence » intuitive peut dissimuler une faute de raisonnement ou un postulat. Cela prouve, en passant, qu'il n'y a aucune analogie entre ces deux sortes d'intuition. Ainsi l'intuition géométrique n'est pas, tant s'en faut, une garantie de vérité ou du moins de rigueur logique. On peut raisonner juste sur une figure inexacte ou même fausse ; on peut mal raisonner sur une figure bien construite, car on peut invoquer une propriété vraie, mais *empirique*, qui ne résulte pas des définitions ou des hypothèses. Qu'est-ce à dire, sinon que l'intuition ne doit avoir aucune part réelle dans les raisonnements géométriques, et que ceux-ci, pour être rigoureux, doivent être purement logiques ? Un appel à l'intuition (cette intuition fût-elle *a priori*) ne se distingue pas, en bonne méthode, d'une constatation empirique, et n'a pas plus de valeur. On peut déterminer le nombre p en mesurant le contour d'un cercle matériel ; Archimède, dit-on, a trouvé la quadrature de la parabole en pesant des lames taillées suivant cette courbe ; ce sont là des procédés évidemment étrangers à la méthode mathématique, mais ils ne le sont pas plus que ne le serait un appel à l'intuition.

Dira-t-on que les raisonnements géométriques portent, non sur des images, mais sur des schèmes ? Cela résoudrait la difficulté, car, tandis que les images sont particulières, les schèmes sont généraux comme le concept lui-même ; Kant dit que nos « concepts sensibles purs » (c'est-à-dire les concepts géométriques) reposent, non sur des images, mais sur des schèmes, parce qu'aucune image ne peut être adéquate au concept de triangle ni atteindre à sa généralité (B. 180). Mais, d'abord, cette théorie paraît difficile à concilier avec l'assertion répétée que la mathématique construit ses concepts *in concreto* (B. 743), qu'elle considère le général dans le *singulier* (B. 742). Cependant on lit au même endroit : « La figure singulière qu'on a dessinée est empirique, et cependant elle sert à exprimer le concept malgré sa généralité, parce que dans cette intuition empirique on ne regarde jamais que l'acte de la construction du concept, auquel sont tout à fait indifférentes bien des déterminations, comme la grandeur des côtés et des angles, et par suite on fait abstraction de ces diversités, qui ne changent pas le concept du triangle » (B. 742). Ce passage prouve que Kant a vu la difficulté, mais non qu'il l'ait résolue. Car de deux choses l'une : ou bien l'on raisonne sur la figure singulière (dans l'intuition *a priori* ou empirique, peu importe), et alors le raisonnement manque complètement de généralité ; ou bien on raisonne sur le schème *général* dont cette figure n'est qu'une image, et alors on ne peut plus dire que la mathématique ne considère le général que dans le particulier et le concret. On ne peut même plus dire qu'elle le considère dans l'intuition, car un schème est un procédé général, une règle de construction, et non une construction toute faite, qui serait, de l'aveu de Kant, « un objet singulier » (B. 741) ; et alors nous ne voyons pas en quoi il se distingue du concept, dont il partage la généralité et l'indifférence à l'égard des déterminations particulières sans lesquelles il n'y a pas d'intuition. C'est le concept lui-même qui constitue cette règle générale de construction, étant donné surtout que les concepts géométriques ne sont jamais définis *per genus et differentiam*, mais le plus souvent *per generationem*. Tout produit de l'imagination est particulier, et l'on ne peut imaginer un triangle sans lui assigner une forme déterminée. Si le schème est général, il ne peut être un produit de l'imagination. Le schème est donc un intermédiaire au moins inutile entre le concept et l'image.

Dans tous les cas, si l'intuition intervient, à titre de simple auxiliaire, dans la Géométrie synthétique, elle n'intervient presque plus dans la Géométrie analytique, encore moins dans la Géométrie projective et les divers Calculs géométriques. En Géométrie analytique, on raisonne au moyen d'équations générales qui représentent indifféremment toutes les figures d'une même espèce, et si l'on a recours à l'intuition pour établir ces équations, on s'en passe complètement pour toutes les déductions qu'on en tire. En Géométrie projective, on raisonne directement sur les figures, mais en les concevant dans toute leur généralité, et en faisant abstraction de toutes leurs particularités intuitives ; par exemple, on raisonnera sur la conique en général, sans avoir à spécifier l'ellipse, la parabole et l'hyperbole, et même sans pouvoir les distinguer. De même, on ne distinguera pas des droites ou des plans parallèles de droites ou plans qui se coupent, c'est-à-dire qu'on néglige et que l'on considère comme indifférents ces faits d'intuition auxquels la méthode synthétique d'Euclide s'attache presque exclusivement. Enfin, dans les divers Calculs géométriques, on définit même les figures fondamentales comme des combinaisons algébriques de points (c'est-à-dire d'éléments indéfinissables), et l'on raisonne sur elles au moyen d'algorithmes formels analogues à celui de l'Algèbre. Dans toutes ces doctrines, on n'invoque jamais, dans les démonstrations, les propriétés intuitives des figures ; et l'on n'emploie jamais ces constructions auxiliaires qui sont, en Géométrie synthétique, comme les béquilles du raisonnement ; on a pu écrire des traités entiers suivant ces méthodes sans une seule figure, ce qui montre bien que l'on n'a pas besoin de l'intuition, et qu'on ne raisonne plus sur des cas singuliers.

Dans les *Prolégomènes* (§ 12), Kant invoque ce fait, que l'égalité géométrique consiste en dernière analyse dans la superposition, qui est un phénomène d'intuition. Il oublie que, là où l'on emploie cette méthode (dont les géomètres modernes les plus rigoureux s'abstiennent totalement), on ne se borne pas à constater de visu, la superposition ; on démontre qu'elle doit avoir lieu, c'est-à-dire que les deux figures à superposer sont déterminées d'une manière univoque par les éléments donnés : de sorte que de l'identité de ces éléments on peut conclure l'identité des figures totales. Or cette détermination univoque repose sur la définition même des figures ; par exemple, du fait que deux droites ont deux points communs, on conclura qu'elles coïncident : ce n'est pas là une constatation intuitive, mais une conséquence logique de la définition de la droite ; et ainsi de suite.

LE PARADOXE DES OBJETS SYMÉTRIQUES.

Mais ici on peut nous objecter le fameux paradoxe des objets symétriques. Il y a des figures (à 3 dimensions) qui sont « semblables et égales » dans tous leurs éléments, et pourtant « incongruentes », c'est-à-dire qui ne peuvent coïncider : tels sont les triangles sphériques opposés, les hélices dextrorsum et sinistrorsum, les deux côtés du corps humain, les deux oreilles, les deux mains, etc. Cette différence, selon Kant, ne peut être définie ni expliquée par aucun concept, mais seulement par l'intuition ; et elle prouve la nature intuitive des figures géométriques et de l'espace lui-même. Il n'est peut-être pas inutile de remarquer, d'abord, que ce paradoxe avait été invoqué auparavant par Kant pour prouver une thèse toute différente, et presque contraire, celle de l'espace absolu. La diversité des objets symétriques ne pourrait s'expliquer par leurs relations internes (qui sont identiques), et ne serait concevable que par leur rapport à l'espace absolu. Ainsi du même fait il a conclu d'abord à la réalité, puis à l'idéalité de l'espace. Cela fait présumer que, dans les deux cas ou tout au moins dans l'un d'eux, l'argument n'est pas probant. Il serait intéressant de rechercher comment Kant a pu employer le même argument tour à tour en des sens si divers. Nous croyons qu'on en trouverait l'explication dans son opposition à Leibniz : dans le premier cas, il soutient la thèse newtonienne de l'espace absolu contre la thèse leibnizienne de la relativité de l'espace ; dans le second cas, il soutient la nature intuitive de l'espace contre l'intellectualisme de Leibniz, qui y voyait un ordre purement intelligible. Mais cette question historique et psychologique sort de notre sujet. Il s'agit de savoir quelle est la valeur de l'argument tel qu'il est présenté dans les *Prolégomènes*.

Nous croyons que l'argument pèche par la prémisse : « il n'y a pas là de différences intrinsèques qu'un entendement quelconque puisse seulement concevoir ». Cette prémisse suppose qu'il n'y a pas entre les éléments des figures d'autres relations que des relations de grandeur : or c'est là une erreur. Il y a aussi des relations d'ordre, et ce sont ces relations d'ordre qui diffèrent, ou plutôt qui sont inverses dans les figures symétriques. Dira-t-on que ce sont des relations purement intuitives et logiquement indéfinissables ? Ce serait encore une erreur car toutes les relations d'ordre peuvent se définir au moyen de la Logique des relations. Au fond, deux ordres inverses l'un de l'autre correspondent à des relations converses l'une de l'autre ; et la conversion des relations est une opération logique absolument indépendante de l'intuition. Il y a donc une différence parfaitement intelligible et purement logique entre deux figures symétriques : c'est ce que Kant néglige quand il dit qu'elles sont « semblables et égales » dans toutes leurs parties et dans toutes leurs relations internes ; leurs parties sont bien égales (et par suite semblables), mais non pas « semblablement disposées » ; en d'autres termes, toutes les relations de grandeur sont les mêmes, mais les relations d'ordre sont inverses.

Pour préciser, voici comment, en fait, on parvient à définir progressivement les figures solides symétriques. On distingue deux sens opposés pour les segments dirigés ou vecteurs d'une même droite, et on leur fait correspondre respectivement les nombres positifs et négatifs. On distingue de même deux sens opposés pour les angles d'un même plan. Deux segments ou deux angles égaux (donc de même sens) peuvent coïncider par un simple glissement ; deux segments ou deux angles symétriques (de sens contraire) ne le peuvent pas. Il en est de même pour les triangles *dirigés* (c'est-à-dire doués de sens) situés dans un même plan. La symétrie des trièdres est tout à fait analogue à celle des triangles ; seulement la figure a une dimension de plus, de sorte que les trièdres symétriques ne peuvent coïncider par un déplacement dans l'espace à trois dimensions. Plus généralement, on distingue des segments (parallèles), des angles (d'un même plan) et des trièdres *homotaxiques* et *antitaxiques*, suivant qu'ils sont disposés dans le même sens ou en sens contraire (sur la droite, sur le plan, dans l'espace). Or pour transformer un trièdre donné en un trièdre antitaxique, comme pour transformer un angle plan en un angle antitaxique, il suffit de changer le sens d'un de ses cotés, c'est-à-dire de remplacer une demi-droite par son opposée (de changer le signe + en signe - sur un des axes). Ainsi l'antitaxie peut se définir par la simple distinction des deux sens d'un segment, et peut se réduire à l'opposition primordiale des segments positifs et négatifs sur une droite. Que cette opposition n'ait rien d'intuitif ni de propre à l'espace, c'est ce que n'aurait pu nier l'auteur de l'*Essai d'introduction du concept des grandeurs négatives dans la philosophie* (1763), puisqu'il prétendait ramener toutes les oppositions *réelles*, même psychologiques (plaisir et douleur) et morales (mérite et démérite) à l'opposition des grandeurs positives et négatives. Si donc le paradoxe de Kant prouve quelque chose, c'est que l'espace est le *substratum* de relations d'ordre, et que par suite il n'est pas une grandeur pure, mais aussi et surtout un ordre, ce qui est au fond la thèse même de Leibniz que Kant croyait réfuter. Cette question doit être soigneusement distinguée de celle-ci, qui parait lui avoir donné naissance : « Pourquoi le monde réel a-t-il telle orientation plutôt que l'orientation opposée ? Pourquoi, par exemple, les planètes tournent-elles de droite à gauche autour du soleil ? » A une telle question il n'y a pas de réponse, parce qu'elle n'a pas de sens ; et elle n'a pas de sens précisément parce que l'espace n'est pas absolu, et ne comporte pas de différences qualitatives et intuitives. Si l'espace était absolu, il devrait y avoir une *raison* pour que les planètes tournent de droite à gauche plutôt que de gauche à droite ; mais s'il n'y a pas de raison à ce fait (et il n'y en a évidemment pas), c'est que l'espace n'est pas absolu. Du reste, les deux sens sont indifférents et indiscernables, car si les planètes tournent de droite à gauche pour un observateur placé dans le soleil la tête au N. et les pieds au S., elles tournent de gauche à droite pour un observateur placé dans la position inverse. Ainsi la distinction des deux sens est relative à la distinction du N. et du S. qui est elle-même relative ; car il n'y a ni haut ni bas dans l'univers.

On dira peut-être que, malgré tout, la différence des objets symétriques est quelque chose d'indéfinissable, et que ce qui le prouve, c'est l'impossibilité où nous sommes de la définir autrement que par référence à des cas particuliers, c'est-à-dire à l'intuition : nous sommes obligés en effet de nous servir des termes de droite et de gauche, qui sont relatifs à notre propre corps, que nul ne peut définir, et qui ne peuvent être distingués que par un sentiment immédiat et inanalysable. A cela nous répondrons que cet argument porte, non plus sur la possibilité de distinguer intellectuellement les figures symétriques, mais seulement sur les moyens que nous employons pour les distinguer dans le langage, c'est-à-dire pour les désigner aux autres. Dans l'opuscule : *Was heisst sich im Denken orientiren ? [Qu'est-ce que s'orienter dans la pensée ?]* (1786), Kant soutient qu'on ne peut s'orienter, c'est-à-dire distinguer les quatre points cardinaux, qu'au moyen du *sentiment subjectif* de la droite et de la gauche ; et il ajoute : « Je l'appelle un *sentiment*, parce que ces deux côtés ne présentent extérieurement dans l'intuition aucune différence sensible » (Ed. Hart., IV, 341). Il oublie qu'il y a une différence parfaitement sensible et absolument objective entre les deux demi-droites opposées qu'un point détermine et sépare sur une droite indéfinie, attendu qu'elles n'ont pas d'autre point commun. Il y a là une distinction intelligible et bien claire, et non une simple distinction de sentiment. Les dénominations de droite et de gauche ne servent nullement à les distinguer, mais simplement à les désigner verbalement.

De même, nous nous servons des indications géographiques ou anthropomorphiques de nord et de sud, de haut et de bas, pour désigner les deux sens inverses d'une droite (d'un axe de coordonnées), ou de l'expression : « sens des aiguilles d'une montre » pour désigner les deux sens possibles d'une rotation sur un cercle ; et pourtant deux droites de sens inverses, deux cercles décrits en sens inverses, peuvent être amenés à coïncider. Ainsi la nécessité pratique où nous sommes de faire appel à des données intuitives pour désigner les figures symétriques n'est nullement liée à leur incongruence, et ne prouve pas que, même dans le cas de l'incongruence, nous ne puissions pas discerner les figures symétriques sans recours à l'intuition.

LES PRINCIPES DE LA GÉOMÉTRIE.

Au surplus, la reconstruction logique de la Géométrie n'est pas simplement une possibilité idéale, mais un fait réalisé par les travaux des géomètres contemporains. Il est donc désormais établi que les démonstrations géométriques sont (c'est-à-dire peuvent et doivent être) analytiques, et que la Géométrie peut et doit se déduire tout entière logiquement d'une vingtaine de postulats. Reste à savoir quelles sont l'origine et la valeur des postulats. C'est là une question encore controversée, et que la Logique formelle n'est pas compétente pour résoudre. Ce qui est sûr, c'est que les postulats de la Géométrie ne peuvent pas se déduire, comme les axiomes de l'Arithmétique, des principes de la Logique : et la preuve en est qu'il n'y a qu'une Arithmétique, tandis qu'il y a plusieurs Géométries (*logiquement* possibles). Sans doute, chacune de ces Géométries se construit *analytiquement* sur un ensemble de postulats qui la caractérisent et la déterminent entièrement ; chacune d'elles se présente comme un système *hypothético-déductif*, selon l'expression de M. Mario PIERI, c'est-à-dire comme un ensemble de propositions logiquement enchaînées qui dépendent de quelques hypothèses, et qui seront vraies dans le cas et dans la mesure ou ces hypothèses seront elles-mêmes vérifiées. Une fois ces hypothèses admises, la Logique pure règne dans chacune de ces Géométries ; au point de vue logique, elles sont équivalentes et indifférentes. Il ne faut pas croire qu'elles soient incompatibles : elles ne le seraient que si elles portaient sur le même objet ou ensemble d'objets (un espace) ; mais, en elles-mêmes, elles ne portent sur aucun objet et n'en impliquent aucun, puisqu'elles sont purement hypothétiques. Ce sont des systèmes d'implications formelles qui n'affirment pas plus leurs hypothèses que leurs conclusions. Or ces hypothèses, ce sont les postulats ; ceux-ci ne font donc pas partie, à proprement parler, des propositions, des *assertions* qui constituent chaque Géométrie : ils sont considérés à titre problématique comme des hypothèses gratuites (nous ne disons pas arbitraires, car il n'y a rien d'*arbitraire* dans les Mathématiques, en dehors des définitions… et encore !). En ce sens, les diverses Géométries font partie des Mathématiques pures, ce sont des sciences déductives et purement analytiques, en tant qu'elles portent sur des espaces idéaux et simplement possibles. Chose curieuse, la Géométrie moderne a exactement réalisé l'idéal que Kant avait prévu et défini à vingt-trois ans, dans son premier ouvrage, alors qu'il était encore tout imprégné de pensées leibniziennes : « Une science de toutes les espèces possibles d'espaces serait sans doute la Géométrie la plus haute qu'un entendement fini pût entreprendre. »

Mais, en un autre sens, la Géométrie cesse d'être une science analytique et une mathématique pure : c'est lorsqu'elle s'applique à un objet particulier, l'espace actuel, et en implique l'existence. A ce point de vue, il n'y a plus qu'une Géométrie admissible, et il faut nécessairement faire un choix entre toutes les Géométries logiquement possibles. D'ailleurs, d'après ce que nous avons dit, faire ce choix se réduit à choisir entre les divers systèmes de postulats qui commandent respectivement les différentes Géométries, c'est-à-dire à affirmer que tel système est vérifié par l'espace actuel ou par le monde réel : une telle affirmation est évidemment synthétique, au sens que nous avons défini, en ce qu'elle dépasse les bornes de la Logique formelle. A qui appartient-il de faire ce choix, ou qu'est-ce qui le détermine ? C'est la seule question qui puisse encore donner lieu à controverse. La plupart des mathématiciens pensent que c'est l'expérience qui nous apprend quels sont les postulats qui sont effectivement vérifiés dans notre monde ; les postulats seraient des lois inductives, des résumés d'innombrables expériences, et par suite la Géométrie serait une science inductive et expérimentale, la première, c'est-à-dire la plus abstraite et la plus simple des sciences physiques. Dans cette théorie, les jugements géométriques seraient simplement synthétiques *a posteriori*. Mais, pour d'autres, l'expérience serait impuissante, ou plutôt incompétente, à décider entre les diverses Géométries, attendu qu'une même expérience, un même ensemble de faits, pourrait se couler et s'interpréter dans les divers systèmes que nous offre la Géométrie pure. Notre choix ne serait donc pas imposé par l'expérience, mais guidé par des raisons de « commodité ». Or, comme il s'agit évidemment ici, non pas d'une commodité empirique ou pratique, mais d'une commodité intellectuelle, on peut présumer que ces raisons de « commodité », si on les précisait et analysait davantage, se réduiraient à des raisons… rationnelles, c'est-à-dire des jugements synthétiques *a priori*. Et ce qui semble confirmer cette présomption, c'est le caractère éminemment rationnel des deux propriétés essentielles de l'espace euclidien : 1° la possibilité de déplacer une figure invariable sans la déformer, qui constitue en somme le principe d'identité de la Géométrie (la même figure peut exister en des lieux différents) ; 2° la possibilité des figures semblables, qui constitue ce que Delbœuf appelait l'indépendance de la forme et de la grandeur (la même forme peut exister à des échelles différentes). Seulement ces jugements synthétiques *a priori* ne seraient pas fondés, comme le pensait Kant, sur une intuition sensible (fût-elle pure), mais sur des nécessités ou tout au moins des convenances rationnelles, de sorte que cette thèse donnerait raison bien plutôt à l'intellectualisme leibnizien qu'à l' « intuitionisme » kantien.

Néanmoins, à côté de ces postulats d'un caractère intellectuel, il y en a au moins un, celui relatif au nombre des dimensions de notre espace, qui ne parait pas pouvoir s'expliquer de la même manière, ni avoir aucune raison d'être intelligible. Il semble bien que ce soit là un fait d'intuition inexplicable et irréductible, qui s'impose pratiquement à tous les hommes d'une manière irrésistible, soit qu'il provienne de la constitution subjective de notre sensibilité, soit qu'il traduise plus ou moins symboliquement une propriété objective du monde extérieur. Si donc il y a un postulat qui paraisse justifier la doctrine kantienne, c'est bien celui-là. Entre les deux théories que nous venons de citer, nous n'avons pas la prétention de décider. Mais peut-être la solution la plus probable du problème est-elle intermédiaire et mixte : certains postulats seraient d'origine intellectuelle, et certains autres d'origine intuitive. L'espace serait alors, non plus une simple forme de la sensibilité, mais une forme assez complexe organisée par des principes intellectuels avec des éléments d'ordre intuitif.

Quoi qu'il en soit, tandis que l'Arithmétique dément la théorie kantienne, c'est dans la Géométrie que cette théorie a le plus de chances de subsister. Ce résultat est contraire à l'opinion d'un grand nombre de mathématiciens, qui prétendent que l'invention des géométries non euclidiennes a réfuté la doctrine kantienne ; ces auteurs, apparemment peu familiers avec la pensée de Kant, croient que sa doctrine implique qu'il n'y ait qu'une Géométrie *logiquement* possible, ce qui est faux ;

l'existence de plusieurs Géométries possibles est bien plutôt un argument en faveur de la thèse kantienne, que les jugements géométriques sont synthétiques et fondés sur l'intuition. M. RUSSELL a vu beaucoup plus juste en disant que ce qui a ruiné la philosophie kantienne des mathématiques, ce n'est pas la Géométrie non euclidienne, mais la reconstruction logique de l'Analyse, ce que M. KLEIN a appelé l'*arithmétisation des mathématiques*.

LES ANTINOMIES.

Nous ne parlerons pas ici de l'antinomie de la raison pure, non seulement parce que nous l'avons discutée ailleurs et que nous n'avons rien à ajouter ni à changer à cette discussion, mais encore parce qu'elle n'a pas d'importance réelle pour notre sujet. Kant croyait que l'antinomie de la raison pure portait sur la nature de l'espace et du temps et confirmait la thèse de l'idéalité de ces deux formes. Mais, en réalité, les prétendues contradictions où la raison s'engagerait inévitablement en spéculant sur le monde proviennent toutes d'une notion inexacte de l'infini et des préjugés traditionnels relatifs à cette notion ; elles ont perdu toute espèce de fondement depuis que cette notion a été élucidée et rigoureusement définie. D'ailleurs, s'il est juste de reconnaître que Kant n'a pas été dupe des sophismes les plus grossiers des finitistes, il faut avouer qu'il n'a pas eu de l'infini une notion claire et constante ; car, tandis que dans l'*Esthétique transcendentale* il considère l'espace comme « une grandeur infinie *donnée* » (A. 25, B. 39), et donnée dans une intuition simultanée, dans l'Antinomie il définit l'infini par le fait que « la synthèse successive de l'unité dans la mesure d'une quantité ne peut jamais être achevée » (A. 430-32, B. 458-60). On retrouve ici l'immixtion malencontreuse et illégitime de l'idée de temps, soit dans le nombre, soit même dans la grandeur. On peut donc dire que Kant introduit lui-même dans la notion d'infini la contradiction qu'il croit y découvrir, et lui retourner le reproche qu'il adressait avec raison aux finitistes de son temps (et de tous les temps) : « Confingunt nempe talem infiniti definitionem, ex qua contradictionem aliquam exsculpere possint ». Dans tous les cas, les antinomies procèdent, non des notions propres de l'espace et du temps, mais uniquement de la notion de l'infini qu'on leur applique ; on ne peut donc rien en conclure touchant l'idéalité de l'espace et du temps. On ne peut en conclure, selon nous, qu'une chose : c'est que Kant s'est fait un concept contradictoire de l'infini, parce qu'il introduit arbitrairement la notion de temps dans le nombre et dans la grandeur ; c'est par conséquent une réfutation indirecte de sa philosophie des mathématiques.

CONCLUSIONS

En résumé, les progrès de la Logique et de la Mathématique au XIXe siècle ont infirmé la théorie kantienne et donné raison à Leibniz. Si Kant séparait et opposait entre elles la Logique et la Mathématique, c'est qu'il avait une idée trop étroite de l'une et de l'autre. On connaît l'opinion qu'il avait de la Logique : cette science n'avait pas, selon lui, fait un seul pas depuis Aristote (B. VIII), et n'en avait plus un seul à faire, car elle avait atteint dès l'origine une perfection qu'elle devait à sa « limitation ». On sait aussi quel éclatant démenti les logiciens modernes devaient infliger à cette opinion. Sans doute, Kant ne pouvait pas prévoir la renaissance de la Logique au XIXe siècle ; mais il aurait pu du moins être plus juste pour les efforts de ses prédécesseurs, c'est-à-dire de Leibniz et de son école, qui avaient essayé de dépasser le cadre artificiel et restreint de la Logique aristotélicienne. Au lieu de continuer ce mouvement et de collaborer à ce progrès avec ses puissantes facultés, Kant s'est montré en Logique formelle ultra-conservateur, pour ne pas dire réactionnaire : il s'est contenté de critiquer la « fausse subtilité des quatre figures du syllogisme » et de simplifier la Logique scolastique, et il ne parait pas s'être jamais douté que celle-ci eût besoin d'être élargie et approfondie. Cela est d'autant plus étonnant, que la Logique formelle était, de son propre aveu, la base nécessaire de la Logique transcendentale ; c'est « la même fonction » qui forme les jugements et subsume les objets sous les catégories ; c'est « le même entendement », « par les mêmes actions », qui produit, d'une part, l'unité analytique dans les concepts, et d'autre, part l'unité synthétique dans l'intuition (A. 79 ; B. 104-105). Il semble donc que Kant eût dû, avant toute chose, analyser avec le plus grand soin les opérations logiques de l'esprit et les divers modes de déduction, suivant la méthode positive préconisée et pratiquée par Leibniz, à savoir par l'étude des formes du langage et de la pensée scientifique. Au lieu de cela, il s'est contenté d'emprunter à la vieille Logique scolastique des formules surannées et un cadre tout fait, et d'adopter la classification traditionnelle des jugements, en la complétant par de fausses fenêtres pour les besoins de la symétrie. Et quand on sait quel usage, ou plutôt quel abus il a fait de ce cadre étroit et rigide, quand on le voit calquer sur lui le tableau des catégories et celui des principes, puis couler tour à tour toutes ses théories dans ce moule uniforme et le transformer en un lit de Procuste où elles doivent entrer bon gré mal gré, bien plus, s'en servir comme d'un guide et d'un moyen d'invention, on reste confondu à la pensée que le grand critique a accepté *sans critique* le fondement de tout son système, qu'à l'édifice majestueux (mais trop artificiel et trop symétrique) des trois *Critiques* il manque le soubassement indispensable, à savoir une Logique moderne et vraiment scientifique, et qu'en un mot, le colosse d'airain a des pieds d'argile.

D'autre part, Kant concevait, avec tous ses contemporains, les mathématiques comme les sciences du nombre et de la grandeur, et même, plus étroitement encore, comme les sciences de l'espace et du temps, et non pas comme une science ou plutôt une méthode purement *formelle*, comme un ensemble de raisonnements déductifs et hypothétiquement nécessaires. Ici encore, on ne saurait lui reprocher de n'avoir pas prévu l'avenir, encore que, sur ce point aussi, Leibniz ait vu plus clair et plus loin que lui, et ait conçu fort nettement la Mathématique universelle, et plus spécialement l'Algèbre universelle (qu'il appelait la Caractéristique) comme applicable à toutes les formes possibles de déduction. Mais ces anticipations géniales étaient encore inconnues ou méconnues, et passaient alors pour des rêves d'utopiste. Au temps de Kant, les principes de l'Analyse étaient encore obscurs, le Calcul infinitésimal n'avait pas encore été logiquement construit et purgé de la notion mystérieuse d'infiniment petit (que certains Kantiens ont si étrangement interprétée) ; Gauss ne savait pas encore si l'on devait admettre les « quantités » imaginaires, qui sont devenues la base indispensable de l'Analyse, et c'est en 1806 seulement qu'Argand en trouvait la première interprétation satisfaisante. Pendant longtemps encore, on s'est demandé si ces entités bizarres et paradoxales (contradictoires même pour quelques-uns) étaient des « nombres » ou des « grandeurs ». Ce n'est que peu à peu, à la suite de l'invention du calcul barycentrique de Möbius, du calcul des équipollences de Bellavitis, du calcul géométrique de Grassmann, des quaternions de Hamilton, de la Géométrie projective de Staudt, de la théorie des ensembles, de la théorie des substitutions et des groupes, enfin du calcul logique de Boole, qu'on est parvenu à concevoir que la mathématique n'est pas liée à une nature particulière d'objets, mais est une méthode générale de démonstration et d'invention. C'est précisément Boole qui a le premier « réalisé » cette idée, et l'a formulée dans cette phrase lapidaire : « Il n'est pas de l'essence des mathématiques de s'occuper des idées de nombre et de quantité. » Aussi l'on a pu dire, sans trop de paradoxe, que la mathématique pure a été découverte par Boole. Et puisque nous célébrons des anniversaires, il nous sera permis de remarquer que le centenaire de la mort de Kant est le cinquantenaire de la mathématique pure ; ce qui excuse suffisamment Kant de n'avoir pas connu celle-ci.

En somme, toutes nos critiques reviennent simplement à constater ce fait notoire, que depuis un siècle la Mathématique a fait des progrès immenses et imprévus, non seulement dans le sens de l'extension et des applications, mais dans le sens des principes et de leur approfondissement, et que ces progrès constituent nécessairement un gain pour la philosophie ; de sorte que s'en tenir, sur les mathématiques, aux théories et aux formules de Kant serait tout bonnement retarder d'un siècle. Nous laissons à ses disciples le soin de rechercher ce qui peut subsister de sa théorie de la connaissance, dont sa philosophie des mathématiques paraît bien être une pièce essentielle. On lui a même reproché d'avoir fait reposer la théorie de la connaissance trop exclusivement sur la considération des mathématiques, d'avoir pris celles-ci pour type unique de la science rationnelle et d'avoir ainsi donné à sa *Critique* une base trop étroite. Ce reproche nous parait justifié, mais en un autre sens que ne l'entendent ses auteurs. Si la base de la *Critique* est trop étroite, ce n'est pas parce qu'elle est empruntée aux mathématiques, mais parce qu'elle est empruntée à une conception insuffisante et périmée des mathématiques. Il est vain d'espérer qu'on pourra tirer de l'étude des sciences de la nature des lumières nouvelles sur la constitution de l'esprit ; car c'est méconnaître le caractère formel de la mathématique et son applicabilité universelle : elle est la véritable Logique des sciences de la nature, et il n'y a pas de Logique possible en dehors d'elle. Sans doute, elle devra toujours s'étendre davantage, s'assouplir et se compliquer pour se prêter à l'élaboration rationnelle de théories nouvelles ; mais toute science doit nécessairement revêtir la forme mathématique, dans la mesure même où elle devient exacte, rationnelle et déductive. La science est une, comme l'esprit ; et de même qu'il n'y a pas de compartiments et de cloisons étanches dans l'esprit, il n'y a pas entre les sciences d'hiatus ou de sauts qui bornent la juridiction d'une Logique et justifient l'introduction d'*une autre* Logique. Il n'y a qu'une Logique, la Logique de la déduction, dont les méthodes dites inductives ne sont qu'une application, parce qu'il n'y a qu'une seule manière d'enchaîner les vérités d'une manière formelle et nécessaire. Seulement cette Logique n'est plus la pauvre, mesquine et stérile Logique scolastique ; elle est coextensive aux Mathématiques, et susceptible, comme elles, d'un développement indéfini.

Loin donc de reprocher à Kant d'avoir été trop mathématicien et trop logicien, nous lui reprocherions au contraire de ne pas l'avoir été assez, en un mot, de n'avoir pas été assez rationaliste. En général, il est imprudent et téméraire de prétendre limiter le domaine et la compétence de la pensée, et de lui dire : « Tu n'iras pas plus loin. » Tous les philosophes qui ont essayé ainsi de tracer des frontières à la science ou des démarcations entre les sciences ont été tôt ou tard réfutés par les progrès incessants de nos connaissances. C'est en ce sens que la maxime tant discutée de Leibniz est profondément juste : les systèmes sont vrais par ce qu'ils affirment, et faux par ce qu'ils nient. Kant a trop cherché à distinguer et à délimiter les facultés de l'esprit, à les parquer dans des cases bien étiquetées ; son système, d'une symétrie artificielle et voulue, donne l'impression étouffante d'une construction finie et close de toutes parts : il ressemble au système du monde des anciens, avec ses cieux de cristal superposés ; il ne laisse pas de place à l'extension irrésistible des sciences, c'est-à-dire à l'avenir et au progrès. Enfin Kant a manqué de confiance dans le pouvoir et la fécondité de l'esprit humain. Il a été trop préoccupé de circonscrire minutieusement le champ de la pensée, de subordonner la raison spéculative à

la raison pratique, de borner et même de
« supprimer le *savoir* pour faire place à la *foi* »
(B. XXX). Mais la raison a pris sa revanche, en
brisant les cadres rigides et les formules
scolastiques où il avait cru l'enfermer pour
toujours.

www.ingramcontent.com/pod-product-compliance
Lightning Source LLC
LaVergne TN
LVHW091716190726
843493LV00001B/337